U0448935

思考致富

[美] 拿破仑·希尔 ◎ 著
[美] 罗斯·康韦尔 ◎ 编
叶塑 ◎ 译

图书在版编目（CIP）数据

思考致富 /（美）拿破仑·希尔著；（美）罗斯·康韦尔编；叶塑译. -- 重庆：重庆出版社，2025.6.
ISBN 978-7-229-19474-1

Ⅰ．B848.4-49

中国国家版本馆CIP数据核字第20253YU105号

思考致富

SIKAO ZHIFU

[美] 拿破仑·希尔 著　　[美] 罗斯·康韦尔 编　　叶塑 译

出　品：	华章同人
出版监制：	徐宪江　连　果
责任编辑：	史青苗
特约编辑：	孙　浩
责任印制：	梁善池
营销编辑：	刘晓艳
责任校对：	彭圆琦
装帧设计：	末末美书

重庆出版集团
重庆出版社　出版

（重庆市南岸区南滨路162号1幢）

北京毅峰迅捷印刷有限公司　印刷
重庆出版社有限责任公司　发行
邮购电话：010-85869375

全国新华书店经销

开本：800mm×1150mm　1/32　印张：8.75　字数：208千
2025年6月第1版　2025年6月第1次印刷
定价：49.80元

如有印装质量问题，请致电023-61520678

版权所有，侵权必究

序

这本书的每一部分都提到了致富秘诀。这个秘诀曾帮助500多人获得了惊人的财富。我对他们作了多年的细致分析。

25年前,安德鲁·卡耐基让我注意到这个秘诀。当我还是个孩子的时候,这个精明可爱的苏格兰老人就已不知不觉地将它放入我的大脑中。然后他靠在椅背上,目光闪烁,饶有兴致地仔细打量我,看我是否能够理解他话里的全部含义。

发现我领会了他的构想之后,他便问我是否愿意花20年甚至更长的时间将这个秘诀呈现给全世界。如果没有这个秘诀的帮助,很多人会在生活中一败涂地。我回答愿意,于是在卡耐基先生的协助下,我一直信守这个承诺。

本书的秘诀接受过几千位各行各业人士的实践检验。卡耐基先生认为,这个曾给他带来巨额财富的神奇配方,也应该使那些无暇研究成功人士如何致富的人同样获益。他希望我可以通过各行各业人士的实践经历,检验并证明这个秘诀是真实可信的。他认为,每所学校都应讲授这个秘诀,而且,若讲授方法得当,它将为整个教育体系带来一场革命,花费在学校里的时间便可以因此而减半。

在接触了查尔斯·施瓦布先生和他的同事之后，卡耐基先生相信，现在大学里讲授的知识对谋生和积累财富毫无用处。他得出这样的结论是因为他的公司陆续招进来的年轻人，有许多几乎没有受过学校教育，但是通过学习运用这个秘诀，他们发展出了宝贵的领导才能，并且都获得了财富。

在"信心"这一部分中，你会读到一个令人震惊的故事。美国钢铁公司作为一个庞大的组织，最初竟是被一个年轻人构想和创建出来的。通过这个例子，卡耐基先生确信他的秘诀适用于所有愿意接受它的人。这个年轻人——查尔斯·施瓦布先生——仅仅使用了一个秘诀，就给自己带来了巨大财富和宝贵机会。粗略计算，这个秘诀的应用给所有相关人士带来了总计6亿美元[1]的财富。

这些事实——几乎所有认识卡耐基先生的人都知道——向你传达了一个明确的讯息，那就是，只要你知道自己想要什么，阅读此书就能带来你所渴望的那些东西。

根据卡耐基先生的计划，早在我们对此秘诀进行20年的实践检验之前，它就已被传授给成千上万的人，并为他们带来福祉。许多人因此致富，另外一些人因此拥有了和谐的家庭。

辛辛那提的裁缝阿瑟·纳什用他那几近破产的生意作为这个秘诀的实验对象。他的生意不仅出现转机，还令他大赚了一笔。这次实验的效果如此惊人，于是各路媒体都进行了宣传报道，相当于为这个秘诀做了价值100多万美元的广告。

---

[1] 相当于现在的125亿美元。——译者注

这个秘诀还传到了得克萨斯州达拉斯市的斯图尔特·奥斯汀·威尔那里。他已经为运用这个秘诀做好了充分准备，甚至放弃了自己原先的工作，改学法律。他后来成功了吗？本书也收录了他的故事。

在詹宁斯·伦道夫[1]大学毕业的那天，我把这个秘诀传授给他。他成功地运用此秘诀进入美国参议院，开始长久地从事这份令人尊敬的工作，代表国家为社会大众服务。

我曾在拉萨尔继续教育学院做广告部经理，那时该校还不是很知名。我有幸见证了该校校长 J. G. 卓别林成功运用此秘诀，让拉萨尔跻身全国优秀继续教育学院之列。

这个秘诀会在书中被多次提及。我们没有直接为它命名，只是揭开它的面纱，将它呈现于众人眼前，而那些做好准备并四处寻找它的人会将它拾起，这时它便能发挥效用。这也是为什么卡耐基先生当时不动声色地将它说给我听，却没有告诉我一个具体名字的原因。如果你已准备好将这个秘诀付诸实践，那么你在每一部分里都能找到它。如果你想知道它在何处，我愿意帮忙，但这便剥夺了你自己探索的乐趣。

在我写作这本书的时候，我那快要大学毕业的儿子拿起手稿，只阅读了第一部分，便自己找到了这个秘诀。他充分利用了该秘诀，毕业后直接得到一个管理职位，拿到高于一般毕业生的起薪。我在第一部分会讲述他的故事。等你读到这个故事时，也许你会打消内心一开始对本书夸大宣传的疑

---

[1] 埃德蒙·詹宁斯·伦道夫（1753—1813），美国律师、政治家。——译者注

虑。如果你曾经万分沮丧，如果你有无法战胜的心魔，如果你曾努力尝试却一败涂地，如果你饱受疾病之苦，我儿子的故事和他对安德鲁·卡耐基秘诀的运用也许会成为你一直在找寻的"希望绿洲"。

这个秘诀在第一次世界大战期间被伍德罗·威尔逊总统广泛应用。他把秘诀精心安排进战前训练，让每个战士在被派赴战场前都能得到指导。威尔逊总统告诉我，这个秘诀也在他筹募经费时发挥了巨大作用。

本世纪[1]早期，曼努尔·L.奎松（当时还是菲律宾的属地居民代表）在该秘诀的感召之下，为他的人民争得了自由，后来他成为这个自由岛国的第一任总统。

这个秘诀有一个特别之处，那就是所有得到它并利用了它的人都似乎不费吹灰之力就顺利抵达了成功彼岸，而且再也没有向失败低头！如果你对这样的奇效心存怀疑，去看看都有谁用过这个秘诀，查一查他们的事迹，你便会信服了。

当然，没有人可以不劳而获！

不付出代价，就不可能获得我所说的秘诀。尽管与其价值相比，你要付出的代价很小，但对那些无心找寻它的人来说，再高的价格也买不到。它既不能被赠送，也无法用金钱买来，因为它有两个部分，其中一个部分掌握在那些做好准备的人手里。

对于所有准备好迎接秘诀的人来说，它的效用没有差别。

---

[1] 指20世纪。——译者注

这与受教育程度关系不大。早在我出生之前，它就已经为托马斯·A.爱迪生所掌握。尽管只接受过三个月的学校教育，但爱迪生却凭借对此秘诀的机智运用，成为世界上最伟大的发明家。

后来它被传授给爱迪生先生的一个生意伙伴。他当时的年收入只有12000美元，但在有效运用了该秘诀后，他赚得大量财富，年纪轻轻就功成身退。你会在第一部分的一开始读到他的故事。他的事例应该能让你相信，财富并非遥不可及，你可以实现自己的梦想。只要做好准备并下定决心，你便能拥有金钱、名誉和幸福。

我是怎么知道这些事的？等你读完这本书就会得到答案。答案也许就在第一部分，也可能在最后一页。

我应卡耐基先生的要求进行了长达二十几年的研究，在此期间，我分析了几百位知名人士的成功案例。他们中的许多人承认，自己是靠着卡耐基秘诀积累起巨额财富的。这些人包括：

亨利·福特	约翰·D.洛克菲勒
威廉·里格利	托马斯·A.爱迪生
约翰·沃纳梅克	弗兰克·A.范德利普
詹姆斯·J.希尔	F.W.伍尔沃思
芬妮·赫斯特	罗伯特·A.多拉尔
乔治·S.派克	爱德华·A.法林
E.M.斯塔特勒	阿瑟·纳什
亨利·L.多尔蒂	伍德罗·威尔逊
赛勒斯·H.K.科蒂斯	威廉·霍华德·塔夫特

乔治·伊斯特曼	卢瑟·伯班克
西奥多·罗斯福	爱德华·W.博克
约翰·W.戴维斯	弗兰克·A.芒西
玛丽·杜斯勒	凯特·斯密斯
阿尔伯特·哈伯德	埃尔伯特·H.加里
威尔伯·赖特	亚历山大·格雷厄姆·贝尔
威廉·詹宁斯·布莱恩	约翰·H.佩特森
戴维·斯达·乔丹	朱利叶斯·罗森沃尔德
J.奥杰恩·阿芒	斯图亚特·奥斯汀·威尔
查尔斯·M.施瓦布	弗兰克·克兰
弗兰克·冈萨雷斯	J.G.卓别林
丹尼尔·威拉德	阿瑟·哈什
金·吉列	埃拉·惠勒·威尔科克斯
拉尔夫·A.威克斯	克拉伦斯·达罗
丹尼尔·T.莱特	詹宁斯·伦道夫

这些名字只是数百位美国知名人士中的一小部分。他们无论在个人财富还是其他方面所取得的成就都足以证明，只要理解并运用卡耐基秘诀，就可以登上人生的高峰。我还从未见过哪一位受到该秘诀感召并加以运用的人，无法在其选择的领域取得显著的成就。我也没见过哪位在专业上出类拔萃或积累了很多财富的人，可以不运用这个秘诀就取得成功。以上两个事实让我得出结论，作为培养自我决断力的重要因素，这个秘诀比人们从学校教育中得到的知识重要得多。

那么，教育究竟是什么？本书会对此作出详细解释。

说到学校教育,这些人物中的大多数都没有受过什么教育。约翰·沃纳梅克曾告诉我,他没读过多少书,他对知识的获取就像蒸汽火车对水的需求一样,一边开动一边加水。

亨利·福特从没上过高中,更没念过大学。我并非想要贬低正规教育的价值,只是我笃信一点,那些掌握并运用了这个秘诀的人,即使他们接受的学校教育非常有限,也能到达人生的高峰,积累更多财富,依靠自己的力量与生活一争高下。

在你阅读本书的时候,我提到的这个秘诀可能会突然出现在某处,只要你愿意接受它,它就会大胆地"站"在你面前!到那时,你会真正地认识它。无论它出现在第一部分还是最后一部分,当它"现身"时,请停下来庆祝这一刻——因为它将是你人生最重要的转折点。

接下来,我们就要进入第一部分了,你会读到我亲密朋友的故事,他坦言自己已经找到了那神出鬼没的秘诀,而他在商业上的成就也足以证明他没有说谎。当你读他的故事及后面的许多故事时,请记住一点,故事里的人面临所有人都会遇到的人生难题——如何努力谋生,如何找到希望、勇气、满足感和内心的平静,如何得到肉体和精神的双重自由。

当你阅读本书的时候,还须记住,本书讲述的都是事实,并非虚构。目的是分享一条放之四海而皆准的真理,让那些准备好迎接它的人不仅明白该做什么,还学会怎么做,同时获得实践真理所需的鼓舞和激励。

最后,在你开始读第一部分之前,请允许我提一个小建议,也许能作为你找寻卡耐基秘诀的线索。那就是:所有成就、所有财富,都是从一个构想发展而来的!如果你做好了寻找秘诀的准备,那么你就已经找到了一半,因此,当它进入你的脑海时,你就一定能捕捉到它。

拿破仑·希尔

目录

导言　思想力量：靠"思考"成功的人	1
距离黄金三英尺	5
50美分的故事	8
你是"自己命运的主宰者，自己灵魂的统帅"	15
第一部分　欲望：一切成就从这里起步	20
不给自己留任何退路	21
把对财富的欲望转变为获取金钱的方法	24
梦想家的起点	26
欲望战胜天性	33
第二部分　信心：想象并相信你会获得成功	43
如何培植信心	45
信心是一种心理状态，会受到自我暗示的激发	48
第三部分　自我暗示：影响潜意识的媒介	66

想象自己拥有了渴望的财富	67
如何运用自我暗示原则	71
第四部分 专业知识：个人经验或见解	**75**
掌握了获取知识的途径，就一定能得到回报	79
成功始于好的构想	85
第五部分 想象力：大脑工厂	**91**
我们唯一的限制是思想上的限制	92
两种想象力	93
如何把想象力运用于实践中	96
第六部分 精心计划：变欲望为行动	**104**
为出售个人服务而制订计划	109
如何得到渴望的职位	117
30个导致失败的主要原因	123
作一个自我分析	130
如何寻找致富机会	134

第七部分　决断力：克服拖延症　143

行动胜过语言　144

决策所需的勇气　147

第八部分　毅力：保持信心的持续动力　157

缺乏毅力的16种表现　165

如何培养毅力　170

第九部分　智囊团的力量：驱动力　175

通过智囊团来获得力量　178

运用无限智慧　182

第十部分　性转化的神秘力量　185

10种刺激大脑的物质　189

天才是通过第六感发展而来　191

为什么有的人40岁后才获得成功　198

第十一部分　潜意识：桥梁　208

用积极的欲望冲动对潜意识施加影响　209

利用积极情感回避消极情感	213

第十二部分　大脑：思想的传播站和接收站　216

无形的强大力量	219

第十三部分　第六感：通往智慧殿堂　220

神奇的第六感：创造性想象力	221
用自我暗示的方法塑造个性	223

尾声　如何战胜6种恐惧幽灵　231

做个自我评测，找出阻碍你成功的恐惧幽灵	232
6种基本恐惧	233
对消极影响的易感性——第7种负面因素	252
自我分析问卷	254
55个常用的借口	260

导言 思想力量：靠"思考"成功的人

成功总是青睐那些有成功意识的人。失败则总是青睐那些充满失败意识且无动于衷的人。

心想就能事成，这是可能的事情。如果再加上明确的目标、坚定不移的决心，以及将它们转化为财富和其他目标的强烈愿望，你就更有可能获得成功。

埃德温·C.巴恩斯先生发现，每个人都可以思考致富，这是毫不夸张的事实。这并非一时的想法，而是逐步积累起来的。首先，他强烈渴望成为伟大的托马斯·阿尔瓦·爱迪生先生的事业伙伴。

巴恩斯先生的欲望有一个主要特点，那就是非常明确。他想和爱迪生共事，而不是为他工作。仔细观察他是如何把欲望转变为现实的，这样你才能更好地理解致富的13条原则。

当他第一次产生这种"欲望"（或思想冲动）的时候，他无力将其付诸行动。他面前有两大难题。一来他不认识爱迪生先生；二来他没有坐火车去新泽西州奥兰治市的经费，那是爱迪生实验室的所在之处。这两大难题已经足以挫败大多数人，让他们放弃实现欲望的想法了。然而，巴恩斯的欲望非比寻常！他决心一定要找到实现欲望的方式，于是他最终决定，即使乘坐"闷罐车"也不能被困难吓退。（也就是说，他搭着货车去了奥兰治。）

他来到爱迪生先生的实验室，声称自己是来与他共事的。几年后，谈及与巴恩斯的第一次会面时，爱迪生说："他站在我面前，看起来就像个普通的流浪汉。但他脸上的神情让我感觉到他对所追求事物的决心。与人交往多年的经验告诉我，当一个人真正渴望一样东西，并愿意押上全部赌注的时候，他就一定会成功。我给了他这个机会,因为我看到了他不达目的不罢休的决心。后面的事情证明我没有看错。"

年轻的巴恩斯在那个时候觉得爱迪生先生所说的话,远远不如他的内心想法重要。这是爱迪生自己说的!帮助这个年轻人在爱迪生办公室获得机会的并不是他的外表,他的外表显然没有优势。真正起作用的是他的思想。

如果读到这句话的人都能明白其重要性,那这本书也就不必写下去了。

巴恩斯在第一次面试后没有得到与爱迪生共事的机会。不过,他获得了爱迪生公司一个收入微薄的职位。他的工作对爱迪生来说无足轻重,对他来说却十分重要,因为他有了在未来合伙人面前展示"产品"的机会。

几个月过去了。表面看来,巴恩斯那梦寐以求的终极目标此时还毫无动静。但他想成为爱迪生事业伙伴的欲望正在不断加强。

心理学家说得对:"当一个人真想做成一件事的时候,他就一定能成功。"巴恩斯渴望成为爱迪生的事业伙伴,并且,愿望达成之前,他绝不会罢休。

他心里想的不是"有什么用呢?我不如改变想法,去找一个销售的工作吧"。他想的是"我是来和爱迪生共事的,我一定要达到这个目标,哪怕花费毕生的精力"。他真的是这么想的!如果人人都有明确的目标,并且不计一切代价去追求,那么每个人都能达成自己的愿望。

也许年轻的巴恩斯那时并不知道这个道理,但他坚定不移去实现目标的决心和毅力,一定能让他排除万难,终达所愿。

当机遇降临时,它会以巴恩斯想象不到的方式,在他预料不到的地方出现。这就是机会的狡猾之处。它会从后门偷偷溜进来,假扮成不幸或暂时的挫败。这也是许多人无法辨识出它的原因。

巴恩斯知道自己有办法把爱迪生发明的留声机卖出去。他向爱迪生提出申请,得到了这个机会。他果真卖出了机器。事实上,他卖得非常好,于是爱迪生与他签订合同,让他在全国范围内销售该机器。这次合作之后,一句有名的口号开始广为流传,即"爱迪生制造,巴恩斯销售"。

这次合作取得了巨大成功,并一直延续了三十几年。巴恩斯赚了不少钱,但他并未止步于此。他向世人证明,真的可以思考致富。

巴恩斯最初的欲望到底值多少钱,我无从得知。它可能为他带来了差不多两三百万美元的回报。无论这个数字究竟是多少,与巴恩斯获得的那份更为宝贵的知识财富比起来,这简直微不足道。而那份知识财富就是:对已知原则和无形思想的运用可以换来物质回报。

巴恩斯就是靠着自己的思想与伟大的爱迪生结为事业伙伴的!他也是靠着自己的思想获得财富的。

他没有创业的资金,没受过什么教育,也没有影响力。但他有进取心、信念,以及获得成功的意愿。这些无形的力量使他成为史上最伟大发明家的"头号伙伴"。

距离黄金三英尺

现在我们来听一个不同的故事。这个人本该拥有无数有形的财富，最后却失去了它们——因为他在距离目标三英尺的地方停下了脚步。

导致失败的一个最普遍的原因是，人们在遭遇暂时的挫折时，往往选择退出。每个人都在某个时刻犯过这样的错误。

例如 R. U. 达比的叔叔，他曾在大淘金时期因为"淘金热"而去了西部，希望挖到金矿致富。他不知道的是，头脑中蕴藏的黄金数量要比藏在地下的更多。他圈了一块地，拿着锄头和铁锹埋头苦干。挖掘工作很辛苦，但他对金矿有强烈的渴望。

几周的辛苦挖掘之后，他终于找到了闪闪发光的矿石。他需要机器把矿石挖出地面。于是，他悄悄地把它们掩埋起来，按原路回到他在马里兰州威廉斯堡的老家，把这个惊人的消息告诉他的亲戚和一些邻居。他们集资购买了所需的机器，将它通过海运运输过去。叔叔和达比回到矿区继续挖掘。

第一车矿石被开采出来并运到一个冶炼厂。结果证明他们开采的区域是科罗拉多矿藏最丰富的矿区之一！再开采几辆车的矿石就可以把欠款还清，接下来就能得到巨额利润了。

于是矿井开采得越来越深！同时，达比和他叔叔的期待也越来越大！但事情突然发生了变化。金矿脉消失了！他们憧憬着无限美好的未来，金矿却在此时消失了！他们拼命挖掘，想再次寻到矿脉，却徒劳无获。

最后，他们不得不停止开采。

他们以几百美元的价格把机器卖给一个旧货商，乘火车返回家乡。有些旧货商头脑愚笨，但这一位可不傻。他找来一位开矿的工程师，查看了矿区并作了一些估算。工程师认为，开采工作之所以失败，是由于矿主不知道什么是"断层线"。他的估算显示，金矿脉就在距离达比叔侄停止开采处3英尺的地方！而后来他们真的在那里找到了！

旧货商靠着金矿赚到了几百万美元，因为他懂得在放弃之前寻求专业意见。达比当时还是个年轻小伙，大部分投资在挖掘机器上的钱都是他努力筹来的。亲戚和邻居们是出于信任才把钱借给他，于是，他花费了好几年的时间，还清了每一分钱。

很久以后，达比先生发现，"欲望"可以被转化为财富，此后，他终于赚回了几倍于当年损失的金额。他是在开始推销寿险后发现这一点的。

达比牢牢记着，自己曾在距离黄金三英尺的地方选择退出，因而损失惨重，这个教训让他在后面的工作里获益良多。因为他告诉自己："我曾在距离黄金三英尺的地方放弃开采，但我决不能因为人们对寿险说'不'就停止努力。"

达比是少数能够每年卖出100多万美元寿险的人，在那个时候，像他这样的人不超过50个。他将自己坚持不懈的精神归功于那次半途而废的采矿事件给他带来的教训。

在一个人获得成功的垂青之前，一定会经历一些暂时的挫折，甚至是失败。遇到挫折时，最容易的做法就是放弃。而全美500多位最成功的人士告诉我，他们的巨大成功都是在遭遇了挫折却仍继续前进的时候获得的。失败是一个骗子，它狡猾而刻薄，最喜欢在我们离成功只有咫尺之遥时将我们绊倒。

50美分的故事

达比先生从"挫折大学"毕业后，决心从采矿事件中吸取教训，不久，他有幸遇到一件事，向他证明了"不"并不意味着毫无可能。

一天下午，他在一座老式磨坊里帮他的叔叔磨麦子。他叔叔经营着一个大农场，那里住着很多非洲来的佃农。

门被轻轻打开，一个瘦小的孩子走进来，站在门边，她是一个佃农的女儿。

他叔叔抬起头，看着孩子，粗鲁地对她喊道："什么事？"

孩子怯生生地回答："我妈妈说您要给她50美分。"

"我不给，"叔叔回答，"回家去吧。"

"好的，先生。"孩子答道，但身子没有挪动。

叔叔继续忙碌，完全没有注意到那孩子还未离开。再次抬头，看到她还站在原地时，他便冲她大吼："我不是让你回家吗！赶紧走，不然我拿鞭子抽你！"

小女孩回答："好的，先生。"但依然纹丝未动。

叔叔放下一袋正准备倒入磨粉机的谷物，拿起一根木棍，朝女孩走去。他脸上的表情似乎在说，女孩惹上大麻烦了。

达比屏住了呼吸。他确信自己即将目睹一顿痛打。他知道叔叔的脾气有多暴躁。在那个时候，穷孩子，尤其是佃农的孩子，是不可以公然挑战权威的。当叔叔走到那孩子面前时，她快速向前迈了一步，抬起头直视他的眼睛，用她最大的音量尖叫道："我妈妈要那50美分！"

叔叔停下动作，看了她一会儿，然后将棍子缓缓放在地上，把手伸进口袋，拿出50美分递给她。

孩子拿了钱，慢慢后退到门口，目光一直盯着这个刚刚被她战胜的人。她走后，叔叔坐在一个箱子上，望向窗外，就这样过了10多分钟。他还在为刚才经历的事情感到震惊。

达比先生也陷入了沉思。这是他第一次看到一个黑种人小孩冷静地征服一个成年白种人。她是怎么做到的？是什么让他叔叔放下粗暴，成为"一只温顺的羔羊"？这个孩子使用了什么奇怪的魔力而征服了这个大人？诸如此类的问题在达比的脑海中闪过，但他一直没能找到答案，直到数年之后他把这个故事说给我听。巧的是，他正是在同一个老磨坊里向我讲述这个不寻常的故事的，就在他叔叔被征服的地方。更巧的是，在过去的25年里，我其实一直在研究这种魔力，这种能让一个弱小无知的佃农的孩子战胜一个强大权威人物的魔力。

我们站在老旧的磨坊里，达比先生又提起那个不寻常的故事，最后他问道："你怎么看？那个孩子是用什么奇怪的魔力将我叔叔完全征服的？"

问题的答案就在本书阐述的原则中。答案很完整，很详细，有充分的操作说明，保证每一个人都能明白那个孩子碰巧所使用的力量，并可以将其付诸实践。

保持头脑清醒，你便可以找到这股解救孩子于危难的神秘力量。你在下一部分里就能一睹它的样貌。在本书的某处，你会读到一个帮助你快速接受这股不可抗拒的力量并彻底掌控它的方法。你将因此而受益。这股力量也许在第一部分就能让你意识到它的存在。它也可能会在后面的某个部分突然闯入你的脑海。当你发现它时，它也许是一个构想，也许是一个计划，或是一个目标。它会让你回想起从前失败的经历，教你吸取教训，把你在失败中丢失的东西重新找回。

当我向达比先生描述了那个孩子无意间使用的力量时，他很快回顾了自己30年来从事保险推销业的经历，坦言自己在该领域取得的成绩很大程度上归功于那个孩子。

达比先生指出："每一次客户不想购买保险并试图赶我出门的时候，我都能看到那个孩子。她站在老磨坊的那一头，大眼睛里充满了抗争的怒火。于是我想卖掉它。我的大部分业绩都是在人们说了'不'之后完成的。"他还回忆起自己在距离黄金三英尺处放弃尝试的失败经历。"但那次失败，"他说，"其实是件好事。它教会我，无论前路有多么艰辛，都必须坚持再坚持。这是我获得成功之前的必修课。"

达比先生的故事，他叔叔、那个孩子及金矿的故事，将被成百上千从事销售业务的人读到。我想对这些人说，正是由于这两次经历，达比才能每年卖出100多万美元的寿险。在他那个年代，这是个了不起的业绩。

生活是如此多变，而且不可预测，但无论成功还是失败，其原因都来自简单的经历。达比先生的经历很简单，也很普通，但两次经历都蕴含着决定他人生走向的答案。对他而言，这两次经历与生命本身一样重要。他能从这两次不寻常的经历中获益，是因为他善于总结经验、吸取教训。但是对于那些既没有时间也不打算从失败中学习成功经验的人来说，他们该怎么办？一个人要如何学会将失败转换为通往成功的基石呢？

编写本书就是为了回答这两个问题。答案就在书中描述的13个步骤（或13个原则）之中。但阅读本书时请注意，你所寻找的关于生活多变性的答案，也许就在你的大脑中，也许就在你阅读过程中脑海里闪过的某个构想、计划或目标里。

要想取得成功，你需要一个正确的构想。本书所阐述的原则提供了最有效、最实用的产生构想的途径和方法。

在具体说明这些原则之前，我认为应该给你这个重要的提示：财富来得如此之快，数量如此之多，你会不禁质疑，这么多年来它们都藏身于何处？这是一个令人吃惊的说法，尤其我们一直都认为只有长年努力工作的人才能得到财富。

当你开始通过思考致富时，你会发现，致富是一种心态——有明确的目标，无须做多少艰辛的工作。你们一定想知道如何致富。我对此研究了25年，分析了上千个案例，因为我也想知道"富人们是如何致富的"。

没有这次研究，就没有这本书。

现在请关注一个重要的事实：1929年开始的大萧条对经济造成的毁灭效应一直延续到富兰克林·罗斯福总统上台。之后大萧条便消失不见了。就像剧院里的引座员逐渐调亮灯光，在不知不觉间将黑暗转变为光明一样，人们心里对经济萧条的恐惧也逐渐转变为对美好生活的向往。

一旦你掌握了这个哲学所包含的原则,并开始遵照指示运用这些原则,仔细观察,你的经济状况便会开始改善,你所接触的一切东西都会开始转变为有用的资产。觉得不可能?完全可能。

人类的一个主要弱点就是多数人总是抱持着"不可能"的想法。人们很清楚哪些事情不可能发生,哪些事情不可能办到。而这本书是写给那些寻求他人的致富秘诀并愿意冒险一试的人。

许多年前,我买了一本好字典。我做的第一件事就是翻到"不可能"那个词,并将它完完整整地从字典里剪下来。你也可以这么做。

成功总是青睐那些有成功意识的人。

失败总是青睐那些充满了失败意识却又无动于衷的人。

我写作本书的目的,就是要帮助所有想把头脑中的失败意识转变为成功意识的人。

许多人的另一个弱点是习惯用自己的印象和观念去评价所有事情和所有人。读到这里,有些人会质疑思考致富的可能性,因为他们的思维方式早已为贫穷、不幸、失败和挫折所侵占。

这些不幸的人让我想起一位杰出的亚洲人,他来美国接受美式教育,就读于芝加哥大学。有一天,威廉·哈珀[1]校长在校园里遇到这个年轻人,停下来和他聊了几分钟。校长问他,美国人给他留下最深印象的是哪一点。

---

[1] 美国19世纪末20世纪初顶尖教育家、学术领袖。——译者注

"你们的偏见！"他回答道。

想一想一些白种人都是怎么评价亚洲后裔的。

我们对于那些不熟悉或不理解的事物总是拒绝相信，或认为奇怪。我们愚蠢地相信自己的标准就是最合适的标准。当然，其他人的想法也会不同，因为他们和我们不一样。

许多人面对例如亨利·福特这样成绩卓越的企业家时，都会嫉妒他们的资产、运气、天分或任何帮助企业家们获得财富的因素。也许每十万人中会有一个人知道企业家成功的秘密，但这些知情者往往非常谦虚，他们不愿意谈论该秘密，只因它如此简单。下面的例子便可以充分证明这一点。

有一天，福特决定制造著名的V8汽车引擎，这是汽车制造史上最成功的改进之一。他决定制造一个内置8个汽缸的引擎，并让工程师们进行设计。设计图被绘制出来了，但是工程师们一致认为，在一个引擎内放置8个汽缸是不可能实现的事。

福特说："无论如何都要把它制造出来。"

"但是，"他们回答，"这不可能！"

"放手去做吧，"福特命令道，"不管花多少时间，都要把它造出来。"

于是工程师们继续研究。如果想继续留在福特的团队里，他们只能坚持去做。6个月过去了，他们一无所获。又过了6个月，还是毫无进展。为了实现目标，工程师们尝试了每一个能够想到的方案，但似乎都只得到一个结果——"不可能！"

到了年底，福特来检查工作时，工程师们再次告知他，没有办法达到他的要求。

"坚持做下去，"福特说，"我想要这样的引擎，就一定能拥有它。"

于是他们继续研究，最后奇迹出现了，他们终于发现了制造的秘诀。福特的决心让他再一次取得胜利！

我也许没能准确叙述出这个故事的细节，但其大意和精髓是正确无误的。如果想要思考致富，你不用读完，就可以从这个故事里发现福特成为百万富翁的秘密。

亨利·福特是一个成功的人，因为他明白并懂得运用成功的原则。这些原则的其中一条就是欲望：知道自己想要什么。记住这一点，在你阅读亨利的故事时，找出所有讲述他成功秘密的词句。如果你能做到这一点，如果你能准确地找到帮助亨利致富的那些原则，你就能够在任何适合你的行业里取得相当的成就。

你是"自己命运的主宰者,自己灵魂的统帅"

当亨利[1]写下预示性的诗句"我是自己命运的主宰者,我是自己灵魂的统帅"时,他应该告诉我们,我们都是自己命运的主宰者,自己灵魂的统帅,因为我们有控制自己思想的能力。

他应该告诉我们,宇宙本身是一种能量,我们这个小小的星球在其中飘浮,而我们又在这个星球上迁徙发展并进化出了人类。宇宙充满了力量,这种力量能够根据我们的思维方式做出改变,并对我们产生影响,将我们的思想转变为现实。

如果诗人告诉了我们这个伟大的事实,我们就能明白,为什么我们是自己命运的主宰者、灵魂的统帅。他还应该告诉我们,这种力量并不区分破坏性思想和建设性思想,因此它既能让我们将致富的思想付诸实践,也能让我们把贫穷的思想变为现实。他本该强调这一点。

他也应该告诉我们,我们的大脑会被支配性思想"磁化"。这些支配性思想就像磁铁一样,以不为我们所知的方式将我们引向与自己和谐统一的群体和环境。

他应该告诉我们,在我们能够积累起大量财富之前,必

---

[1] 威廉·埃内斯特·亨利(1849—1903),英国诗人。——译者注

须用强烈的致富欲望来磁化自己的大脑，也就是必须有金钱意识，直到我们对金钱的欲望驱使我们制订出合法的获取财富的明确计划。

但是，亨利只是一个诗人，不是哲学家，他只是用诗句来呈现一个伟大的真理，至于诗中的哲理，则留给后人去解读。

这个真理自己一点一点地浮现了出来。而现在我们可以明确地知道，本书所阐述的原则包含着把握我们经济命运的秘诀。

我们已经差不多准备好了，即将一起学习"思考致富哲学"那13条原则中的第1条。阅读时请保持虚心好学的态度，并记住，这些原则不是某个人凭空想出来的，它们来自500多位巨富的生活经验。这些人最初都一贫如洗，没有受过多少教育，没有任何影响力，是这13条原则帮助他们发家致富，所以你也可以依靠这些原则获得财富。

你会发现，实践起来并不困难。

在你阅读接下来的"致富第1步"时，我希望你能了解，这个原则传达的真实信息也许能助你轻易彻底改变自己的经济状况，就像它对两位即将出场的人物所造成的巨大改变一样。

我也希望你能明白，这两个人物和我之间的关系如此亲密，所以我更不敢贸然捏造事实。其中一位是我的挚友，我们已经认识超过25年了。另一位是我儿子。这两位都大方地将其成功归功于本书所阐述的原则。他们的成功经历非同寻常，更能证明这个原则的广泛适用性。

多年前，我在弗吉尼亚州萨勒姆市萨勒姆大学的毕业典礼上讲话。我在发言中特别强调了接下来所阐述的这个原则，于是有一位学生决心运用它并将其纳入自己的人生哲学。那个年轻人后来成为一位杰出的国会议员，是政府的重要人物。就在本书即将出版之际，这位美国参议员给我写来一封信，明确表达了自己对该原则的看法，我选择将他的信公开于此，作为接下来这一部分的"引言"。你可以从信中看到自己运用这一原则后可能获得的回报。

尊敬的拿破仑先生：

国会议员的工作让我有机会发现人们身上存在的问题，我写这封信是想提出一个或许能让许多人获益的建议。

我很抱歉地告诉您，如果这个建议得到采纳，意味着您要付出多年的劳力并担负多年的责任，但我真诚地提出这个建议，因为我知道您对于提供有益的服务充满了热忱。

您在萨勒姆大学做毕业典礼演讲时，我还是一个学生。您的那次演讲在我心里植下了一个构想，让我现在有机会为大众服务。无论未来我获得多大的成功，很大程度上都归功于这一构想。

我的建议是让您将那次在萨勒姆大学演讲的大意和精髓写进一本书里，包括您多年来与那些将美国打造成世界上最富有国家的精英人士接触的经验，这足以使美国人民受益匪浅。

回想起来，那一幕仿佛就在昨天。您生动地讲述了亨利·福特的故事，他没受过多少教育，没什么钱，也没有掌握权势的朋友，却取得了伟大的成就。于是，在您结束演讲之前我便已经下定决心，无论前方有多少困难，我都要闯出一片天地。

今年和今后几年里，会有成千上万的年轻人完成学业离开校园。他们每一个人都在寻找实用的建议，就像我从您那里得到的一样。他们想知道，若要开始一番事业，该怎样改变，该做些什么。您可以给他们建议，因为您已经帮助许许多多的人解决了这些问题。

如果您真的愿意从事一项如此伟大的事业，我能否建议您在每一本书里都附上一份个人分析表，这样每一位购买者都能够作出完整的个人总结，提示他们在成功路上有哪些障碍，就像您多年前对我作出的提示一样。

这样一份分析表可以让读者全面、客观地了解自己的优点和缺点，这可能关系到他们的成功与失败。这样的帮助是无价之宝。

如今，有几百万人面临着如何东山再起的问题……从个人经验来说，我知道这些人急切地想要得到机会，得到您的解答。

除了那些不得不从头再来的人，今天在美国还有成千上万的人想知道如何把构想变为金钱。他们白手起家，没有资金，并且须要弥补损失。如果有什么人能够帮助他们,一定非您莫属。

如果您出版了这本书,我希望立即得到一本有您亲笔签名的书。

最诚挚的祝福
詹宁斯·伦道夫

那次毕业典礼演讲对詹宁斯·伦道夫议员产生的影响是:在即将开始成人世界的生活时,他领悟了欲望的巨大力量,即致富第1步。

第一部分　欲望：一切成就从这里起步

有强烈的欲望成为某种人，去做某些事，是一个梦想家的起点。如果冷漠、懒惰、不思进取，梦想是成就不了的。

不给自己留任何退路

当埃德温·巴恩斯在新泽西州的奥兰治市跳下那辆货运火车时,也许他看上去就是个流浪汉,他却怀揣着雄心勃勃的梦想!

从火车轨道走到爱迪生办公室的这一路上,他一直在思考。他看见自己站在爱迪生面前,请求得到那个毕生渴望的机会。他能感受到自己心中想成为这位伟大发明家的事业伙伴的强烈欲望。

巴恩斯的欲望不只是一个希望!也不只是一个愿望!这是一种急切的激动人心的欲望,它如此明确,超越一切。

这个欲望不是在他见到爱迪生的时候才产生的。很长时间以来,它都令巴恩斯魂牵梦绕。最初,这个欲望很可能只是一个愿望,但当他见到爱迪生时,它便不再只是个愿望。

几年后,还是在他们第一次会面的那间办公室里,巴恩斯再一次站在爱迪生面前。这一次,他的欲望已经成为现实。他现在正与爱迪生共事。他的毕生梦想终于实现了。那些后来结识巴恩斯的人都十分羡慕他能得到生活赐予的良机。他们看到了他的光辉时刻,却没有仔细思考他成功背后的原因。

巴恩斯之所以成功,是因为他有明确的目标,并且不遗余力地为达到目标而努力。他并非第一天就成了爱迪生的事业伙伴。他愿意从最微不足道的工作做起，只要能一直朝着自己渴望的目标前进。

5年后，他追寻的机会才终于出现。之前的几年里，他看不到一线希望，没有得到一句实现欲望的承诺。对其他人来说，他不过是爱迪生事业车轮上的一个齿轮而已。但他自己不这么想。在他的心里，从第一天工作开始，他便每时每刻都是爱迪生的事业伙伴。

这个例子有力地证明了，一个坚定的欲望能产生巨大的影响力。巴恩斯之所以能实现目标，是因为他想成为爱迪生事业伙伴的欲望胜过其他一切。他制订了计划。他的欲望从未消失，直至成为他的毕生梦想——最终，成为现实。

他到奥兰治的时候，并没有想着："我要说服爱迪生给我一份工作。"他想的是："我要见到爱迪生，并且让他知道，我想与他共事。"

他没有想着："我在这里工作几个月，如果得不到任何机会，我就退出，去其他公司谋一个职位。"他想的是："我愿意从任何工作做起。我愿意做爱迪生分配给我的任何工作。但我不会一直待在那个职位上，我会成为他的合作者。"

他没有想："万一在爱迪生公司得不到我想要的，我得努力寻找其他机会。"他想的是："在这个世界上，我下定决心只去做一件事，那就是成为爱迪生的事业伙伴。我要孤注一掷，用我的前途作为赌注，去实现这个目标。"

他没有给自己留任何退路。要么成功，要么失败。

这就是巴恩斯成功的秘诀！

芝加哥大火后的第二天早晨，一群生意人站在街上，看着曾经矗立着他们店面的地方一片废墟，浓烟滚滚。他们开会商讨是重建商铺，还是离开芝加哥并在更有前景的地区另起炉灶。最后，大多数人都达成了决议——离开芝加哥。只有一人除外。

这位决定留下重建的商人指着自己店面的废墟说："先生们，就在那个地方，无论还有多少次火灾，我都会建起世界上生意最兴隆的商店。"

他是在1871年说出这句话的。而他的商店的确被重建了起来，有如一座高耸的纪念碑，象征着一个人强烈的求胜欲望。对于马歇尔·菲尔兹[1]来说，当时最容易做到的，就是和其他商人一起离开芝加哥。重建的过程很艰辛，未来也很渺茫，其他商人选择了一条更轻松的道路。

请注意马歇尔·菲尔兹与其他商人之间的差别，因为这同样是巴恩斯与爱迪生公司其他几千个年轻人之间的差别。正是这个差别决定了他们的成败。

---

1 马歇尔·菲尔兹（1834—1906），美国著名企业家。他于19世纪中后期提出"顾客就是上帝"这一影响深远的营销理念。——译者注

把对财富的欲望转变为获取金钱的方法

每个人到了一定年龄,懂得了金钱的意义之后,都希望得到财富。希望并不能带来财富,可是,如果你心中怀着强烈的欲望,并且有明确的计划和方法去争取财富,再加上不服输的毅力作为坚强后盾,那么你就一定能有所收获。

把对财富的欲望转变为金钱的具体做法,包括6个明确的、实际的步骤。

第1步,在心中确定你想得到的金钱的具体数额。仅仅想着"我要得到很多钱"是不够的。你需要一个明确的数额。(这种明确性有其心理学层面的原理,下一部分将作出解释。)

第2步,明确自己愿意付出多大努力去换取想要的金钱。(天上不会掉免费的馅饼。)

第3步,为你得到那笔财富设定一个确切的日期。

第4步,为你的欲望制订一个明确的计划,并立刻开始执行,无论你是否做好准备,都立刻付诸行动。

第5步,写一份清晰、简洁的清单,列出你想得到的金钱数额、你实现愿望的时间期限、你愿意付出的努力,以及积累这笔财富的具体计划。

第6步，每天两次大声地读出你的清单，睡前读一次，起床后读一次。朗读的时候，让自己看到、感觉到并相信自己已经拥有了那笔财富。

你须要按照以上这6个步骤行动，这非常重要。尤其是第6个步骤。也许你会抱怨在真正拥有那笔财富之前，"无法看到自己拥有它的样子"，这时候，一个强烈的欲望就能起到作用。如果你真正对金钱充满欲望，它是令你魂牵梦绕的目标，你就能轻松让自己相信，一定可以得到它。这样做是为了让你有得到那笔财富的坚定决心，并且相信自己一定会成功。

只有那些拥有金钱意识的人才能积累巨大财富。金钱意识指的是大脑中充满了对金钱的欲望，以至于能够看到自己已经拥有了它。

对于那些还未入门的人，那些不了解人类思想活动原理的人来说，这些步骤也许看起来不切实际。对于那些无法理解这6个步骤的重要意义的人来说，也许告诉他们这6个步骤来自安德鲁·卡耐基，会对他们有所帮助。卡耐基出身贫寒，最初只是钢铁厂的一名普通工人，但他利用这6个步骤为自己赚得超过一亿美元的财富。如果告诉他们，这里推荐的6个步骤经过了爱迪生的认真检验，也许就更能令他们信服了。爱迪生对这6个步骤表示认同，他认为它们不仅是积累财富的必要过程，也是实现任何目标的必要手段。

你必须认识到，所有积累起巨额财富的人，在他们成功之前首先拥有的都是梦想、希望、欲望和计划。

梦想家的起点

读到现在,你应该明白,如果没有对金钱的炽热欲望并真正相信自己能拥有它,你是不可能积累起那些财富的。

你也应该知道,从文明曙光的初现到今天,每一位伟大的领袖都是一个梦想家。基督教之所以成为世界上最强大的力量之一,原因在于它的创立人是一个大胆的梦想家,他有远见和想象力。

如果你无法想象自己拥有财富的样子,那么你也永远不会在银行账户上看到它们。

美国历史上从来没有哪个时期像现在一样,为务实的梦想家提供了如此难得的机会。近些年,经济形势上的困难和不稳定使很多人又回到原点。一场新的比赛即将开始。比赛的奖金就是未来几年里将被积累起来的巨额财富。比赛的规则与以往不同,因为我们生活的世界已经改变了,恐惧阻碍了个人发展和经济增长,在这样的形势下,那些没有得到过胜利机会的务实的梦想家将更受青睐。

在这场追逐财富的比赛中,我们作为选手应当明白,这个变化的世界如今需要新的构想、新的行为方式、新的领袖、新的发明、新的教学方法、新的营销模式、新的书籍、新的文学、新的媒体特色、新的娱乐理念。要得到更新更好的事物,我们必须具备一个条件，那就是拥有明确的目标——知道自己想要什么，并且有强烈的欲望去得到它。

我们见证了一个时期的终结和另一个时期的开始。这个变化的世界需要务实的梦想家，他们有能力并且有意愿将梦想付诸行动。务实的梦想家从过去到未来都一直是文明的创造者。

我们这些渴望积累财富的人应该记住，世界的真正领导者是这样一群人，他们能将尚未出现的机会中所蕴藏的无形的、看不见的力量运用于实践，并将这些力量（或是思想的冲动）转化为摩天大楼、城市、工厂、飞机、汽车等让我们的生活变得更加便捷美好的各种事物。

今天的梦想家必须拥有包容的心态和开放的思想。那些害怕尝试新构想的人还没有起步就已经注定失败。从来没有哪个时期像现在这样优待创新者。确实如此，现在已不是有篷马车的年代，但是如今我们有一个广大的商业、金融和工业的世界，须要朝着更新更好的方向发展。

在你为获取财富作计划的时候，不要受任何人的影响。要在这个变化的世界里赢得赌注，你必须拥有拓荒者的精神，用自己的梦想赋予文明应有的价值。正是这种精神成为美国的生命之泉——抱持强烈的欲望，充分利用自己和他人的绝佳机会，在这片自由的土地上发挥和展示我们的才干。

我们不要忘记，哥伦布曾拿生命作为赌注，去梦想一个未知的世界，而他最终发现了这个世界！

哥白尼，伟大的天文学家，曾梦想着一个多样化的世界，最终证实了自己的猜想。他成功后，再也没有人说他"不切实际"。相反，世人都惊叹于他的智慧。这也再次证明了一句话，"成功不需要道歉，失败不容许借口"。

如果你想做的事情是正确的，而且你对此深信不疑，那么放手去做吧！让你的梦想自由驰骋。遇到暂时的挫折时，不要在意"他们"怎么说，因为"他们"可能并不知道"每一次失败都蕴含着成功的种子"。

在亨利·福特还是个没受过教育的穷小子时，他就梦想着有一辆"不用马拉的车"。他没有等待机会垂青于他，而是利用手头的工具开始制作。现在，他梦想的产物遍布了整个地球。他比任何人都更注重实践，因为他不害怕为自己的梦想下赌注。

爱迪生梦想制造一盏用电控制的灯，于是他立刻付诸行动。经历了上万次失败后，他依然坚守着梦想，直到将它变为现实。脚踏实地的梦想家从不轻易放弃！

怀揣着为奴隶争取自由的梦想，林肯用实际行动努力奋斗，他差一点没能等到梦想实现的那一天。最终，南北方的统一将他的梦想变为现实。

莱特兄弟梦想制造一台可以飞越天空的机器。现在，全世界都能看到他们的梦想已经成为现实。他们是脚踏实地的梦想家。

马可尼梦想研发一种系统，可以控制无线电波的无形力量。他没有白日做梦，现在全世界每一台收音机和电视机都是他的梦想成果。并且，马可尼的梦想使最简陋的小木屋与最豪华的大庄园之间没有距离。它让不同国家的人成了彼此的邻居。它让美国总统可以随时在同一时间对全美民众发表讲话。当马可尼他宣布他发现了可以不通过电线或其他通信手段，而直接通过空气传播讯息的方法时，他的"朋友们"曾把他关进精神病院进行检查。相较之下，今天的梦想家要幸运得多。

这个世界已经习惯于不断有新的发现。对那些给世界带来新构想的人，它也十分愿意给予回报。

"最伟大的成就最初只是梦想。橡树沉睡在果壳里；小鸟在蛋中等待；在灵魂最深的梦境中，一个天使正在苏醒。梦想是现实的种子。"

醒来，起身，向世界宣告，你是一个梦想家。你的运势不错。世界范围的经济动荡正是你等待已久的良机。许多人在这个时期学会了谦逊、包容和思想开放。

这个世界充满了机会，从前的梦想家不曾拥有的机会。

有强烈的欲望成为某种人，去做某些事，是一个梦想家的起点。如果冷漠、懒惰、不思进取，梦想是成就不了的。

这个世界不再嘲笑梦想家，不再说他们"不切实际"。如果你不相信，去一趟田纳西州，参观一下田纳西河流域治理工程的大水坝和发电站，你就能目睹一位"梦想家"总统是如何让美国丰富的水力资源充分发挥作用的。曾几何时，这样的梦想被看成疯狂的想法。

你也许失望过，也许在经济萧条时期遭受过挫折，也许你的内心曾被击穿甚至流血。勇敢一点，这些经历会让你的精神支柱更加坚固，它们的价值不可估量。

约翰·班扬由于持不同的宗教观点被监禁入狱，他在狱中创作出的《天路历程》，成为英国文学史上最优秀的作品之一。

欧·亨利曾遭遇极大的不幸，被关进俄亥俄州哥伦布市的监狱，在那里他发现了沉睡在头脑中的智慧。不幸的经历促使他发现了"另一个自己"，并通过想象力发现自己可以成为一个伟大的作家，而非不幸的罪犯和流浪汉。

生活是多变且不可预测的，无穷智慧就像一个陌生人，人们必须先被迫经历艰难困苦，才能逐渐发现自己的智慧和能力，再通过想象力创造出有益的构想。

世上最伟大的发明家和科学家爱迪生先生，最初也只是一个穷困的电报员。在最终发现沉睡在大脑中的智慧之前，他失败过无数次。

查尔斯·狄更斯的第一份工作是往涂料罐上贴标签。初恋的失败深深刺痛了他的心，让他因此成长为世界上最伟大的作家之一。这段失败的恋情让他创作出《大卫·科波菲尔》及其他一系列作品，丰富和完善了读者的世界。（痛苦的爱情经历会促使许多人借酒消愁，或自暴自弃，因为大多数人不懂得如何将强烈的情感转变为积极的努力。本书其他部分会详细说明这种"转变"的艺术。）

海伦·凯勒出生后不久就失聪又失明，并且好几年都不会说话。尽管遭遇了如此巨大的打击，她仍然把自己的名字刻进了历史的篇章。她的人生经历充分证明了"没有人能打败你，除非你已把失败当作事实看待"。

罗伯特·彭斯[1]是一个乡下人，过着穷困潦倒的日子，后来还成了酒鬼。他用诗歌装点了自己伟大的思想，也让世界因此更加美好。他拔去生活的荆棘，种下一朵芬芳的玫瑰。

布克·T. 华盛顿[2]在他生活的那个社会里因为种族和肤色而饱受歧视。但他在任何时候对任何事件都保持包容和开放的心态，并依然拥有梦想。他的事迹将永远被人们铭记。

贝多芬听不见，弥尔顿看不见，但他们的名字将永远镌刻在人类文明史上，因为他们有梦想，并能将梦想转变为条理清晰的思想。

在你翻到下一部分之前，请下定决心，点燃你心中的希望、信念、勇气和包容的火焰。一旦你拥有了这样的心态，再学会本书所阐述的原则，你想得到的一切，都会在你准备好迎接它们的时候，自然而然地到来。

"想得到"和"准备接受"并不相同。只有相信自己能够得到，你才真正做好了准备。你必须有信心，而不仅仅是希望或渴望。一个开放的思想对于产生信心至关重要。自我封闭不会激发信念、勇气和信心。

记住，为人生树立远大目标并追求富足生活，并不比接受贫穷和悲惨的生活困难。杰西·B. 里顿豪斯在他的诗作《我的工资》中写下了这个亘古不变的真理。

---

[1] 罗伯特·彭斯（1759—1796），苏格兰农民诗人，在英国文学史上占有重要地位。——译者注
[2] 布克·T. 华盛顿（1856—1915），美国政治家、教育家、作家。——译者注

我向生活索取一个铜板，
生活的给予却极不情愿，
无论我在黑夜如何乞求，
却只能数着微薄的收入。

生活就是一个雇主，
它会按你所求给付，
一旦你已定下薪酬，
就要把工作担负。

我的追求不高，
却讶异地知道，
我向生活索取的任何薪酬，
生活都会乐意回报。

欲望战胜天性

我想介绍一位我认识的最不寻常的人,来为这一部分画一个句号。我第一次见他是在许多年前,他刚刚出生几分钟的时候。他出生时没有耳朵。医生不得不对此表态,他坦言,这个孩子很可能一生聋哑[1]。

我质疑了医生的观点。我有权这么做,因为我是孩子的父亲。于是,我有了一个想法,作出一个决定。但我只是在自己心里默默地说出这个想法。我很肯定,我的儿子将来能听也能说。老天也许赐予我一个没有听觉器官的孩子,但老天不能强迫我接受这个令人痛苦的事实。

在我心里,我知道儿子能听见,也能说话。怎样才能做到呢?我确信一定有办法,我知道我能找到办法。我想起爱默生那句不朽的名言:"事情的发展会为我们揭示真理。我们只须遵循它,它会给每个人指引,我们只须静静聆听,就能获得真谛。"

真谛是什么?就是欲望!我最强烈的欲望就是让我儿子可以听见、可以说话。自从拥有了这个欲望,我从未放弃过努力,一刻也不曾放弃。

我在多年前写过:"我们唯一的限制是我们思想上的限制。"

---

1 当时还没有现在普遍使用的听力修复技术。——译者注

而现在，我第一次对这句话产生了质疑。躺在我面前小床上的是一个生来就没有听觉器官的婴儿。即便他最终能听见也能说话，他这一辈子在外形上也是残缺的。而这个限制在他产生思想限制之前就已经存在了。

我能做些什么呢？我要在他没有耳朵的情况下，想方设法把我寻求解决途径的强烈欲望植入他的大脑中。

一旦他到了懂得合作的年龄，我要让他心中充满听见这个世界的强烈欲望，希望自然之力可以把这个欲望变为现实。我大脑中有了这些想法，却没有告诉任何人。每天我都将自己的承诺重温一遍，绝不能让儿子做个聋哑人。

当他逐渐长大，开始注意到周围的事物时，我们观察到他有微弱的听觉能力。当他到了一般孩子开始说话的年龄时，他没有说话的欲望，但我们能从他的举动判断，他一定能听见一些声音。这正是我想知道的！我确信，只要能听见哪怕一点声音，他就能不断增强自己的听力。后来发生的一件事给了我希望。完全是意外的收获。

我们买了一部老式留声机。这个孩子第一次听见音乐时就入了迷。他很快钟情于某些曲子，如《这是一条漫长的道路》。有一次，他将这首歌反复播放了将近两小时，他站在留声机前，用牙齿咬住它的一边。直到几年后，我才明白他为什么会自发养成这个习惯，因为当时我们从没听说过骨传导理论。

在他将留声机据为己有后不久，我发现，当我把嘴唇抵住他的乳突说话时，他能清楚地听到我的声音。乳突在靠近耳朵的位置。这些发现让我能够通过一些必要措施帮助儿子增强听力和口头表达能力，将我的强烈欲望转化为现实。那个时候，他正在尝试说出某些单词。情况看起来远远不如人意，但欲望一旦有了信念做后盾，就不存在"不可能"这个词。

确切知道他可以清楚地听到我的声音后，我立刻把听和说的欲望植入他脑中。很快，我发现这个孩子喜欢听睡前故事，于是我特意编出一些故事来培养他的自立能力、想象力和听的欲望。

每一次讲给他听的时候，我都会特意加上一些新鲜生动的情节。我精心设计故事是为了向他灌输一个思想，那就是他的残缺并非他的负债，而是一笔无价的资产。虽然我检验过的一切哲理都清楚地表明"每一种逆境都隐藏着与之相等的优势"，但我必须承认，我当时完全想不出这个不幸将如何转变为资产。尽管如此，我依然把这个哲理藏在睡前故事里，希望总有一天他能找到办法将自己的残缺派上用场。

我的理智告诉我，没有什么可以弥补他失去耳朵和自然听觉的不幸。而信念支撑下的欲望把理智挤到一边，鼓励我继续坚持下去。

回过头来分析这段经历时，我发现儿子对我的信任和他后面发生的惊人变化有很大关系。他从不质疑我对他说的话。我让他相信，比起他的哥哥，他有一个明显的优势，并且会在很多方面展现出来。

我们注意到这个孩子的听力在逐渐增强。而且，他一点都没有因为这个不幸而感到难为情。在他大约 7 岁的时候，我们对他进行的观念灌输第一次有了成果。几个月来，他一直请求得到卖报的机会,但他妈妈没有批准。她担心他一个人在大街上的时候会因为失聪而遇到危险。

最后,他还是抓住了机会。一天下午,他独自和用人们留在家里。他爬出厨房窗户,跳到地上,一个人出门了。他从隔壁鞋店借了6美分作为本金,购买了报纸作为投资,然后卖掉报纸,再次购买,再卖,一直如此重复,直到夜深。清算钱款并还清了借来的6美分之后,他净赚了42美分。我们当晚回到家,看到他躺在床上已经熟睡,小手里紧紧攥着这笔钱。

他妈妈摊开他的手,取出这些硬币,不禁落泪。她为所有这一切而感动!她儿子取得了第一次胜利,她却潸然泪下,这似乎有些不合常理。我的反应则完全相反。我开怀大笑,因为我知道,我向儿子灌输信念的做法成功了!

他妈妈从他的第一次商业尝试中看到的,是一个失聪的小男孩冒着生命危险在大街上赚钱。而我则看到了一个勇敢、进取、自立的小商人,他主动开始创业,并取得了成功。我为此感到欣慰,因为我知道,他证明了自己的足智多谋,这将会伴随他一生。后面的事情再次证明了这一点。他哥哥有需求的时候,会躺在地上,胡乱蹬腿,不停哭闹——最后得到自己想要的。而这位"失聪的小男孩"有需求的时候,会策划一个赚钱的方法,然后自力更生买到东西。他成年后也会一直以这样的方式来满足自己。

儿子给我上了真正的一课,他让我明白,不应该把身体缺陷当作障碍和借口,它也可以成为实现目标的敲门砖。

虽然无法听见老师说的话(除非他们近距离大声说话),

但这个失聪的小男孩念完了小学、高中和大学。他没有上过聋哑学校。我们决定让他尽量过正常人的生活，和听力健全的孩子接触。即便常常为此与学校老师激烈争辩，但我们一直坚持着这个决定。

他在高中时试用过助听器，但没有什么效果。在他大学毕业前的最后一周发生了一件事，成为他人生最重要的转折点。似乎是机缘巧合，他得到了另外一种助听器，是别人送给他试用的。由于对之前那个仪器感到失望，他并没有马上测试它。当他最终拿起这个仪器并不经意地把它戴在头上，打开电源时，奇迹突然降临了。他渴望得到正常听力的毕生心愿就这样实现了！他生命中第一次和正常人一样听得清清楚楚。

这个助听器带来的全新世界让他喜出望外，他跑到电话旁，打给妈妈，清晰地听到了她的声音。第二天，他第一次清楚地听到了教授在课堂上讲课的声音！之前，只有他们近距离朝他大声喊叫时他才能听见。他还听见了收音机的声音、电影的声音。他人生中第一次可以畅快地与他人交谈，而不须要对方刻意大声说话。他真正进入了一个全新的世界。我们曾拒绝接受自然的错误安排，通过对欲望坚持不懈的追求，我们让自然以最为实际可行的方式纠正了错误。

欲望已经给出了回报，但胜利还没有完全到来。这个孩子仍然须要找到一个明确可行的方法将自己的残缺转变为等价的资产。

他当时还没有认识到这一切意味着什么，只是沉浸于崭新的有声世界给他带来的欢乐之中。他给助听器厂商写了一封信，激动万分地描述了自己的体验。他信中的某些东西——也许不是文字本身，而是字里行间透露出的什么东西——促使助听器公司邀请他前去纽约。他到达后，在别人的陪同下参观了工厂，并在与总工程师的聊天中描述了这个全新的世界，就在这时，一个直觉、一个构想，或是一个灵感（随你怎么称呼它）闪进了他的脑海。正是这股思想的冲动将他的不幸转变为资产，不仅给他带来金钱，也造就了数千人的幸福。

这股思想的冲动大概是这样的：他突然想到，如果他能把自己的全新世界分享给其他几百万还未能受益于助听器的聋哑人，或许会对他们有所帮助。于是就在那一刻，他作了一个决定，贡献出他的余生，为聋哑人提供服务。

整整一个月，他做了大量研究，分析了助听器生产商的整个营销体系。他找到了与全世界听力障碍人群沟通的几种方法，以便与他们分享自己刚刚发现的"全新世界"。研究结束后，他根据自己的发现，写下一个两年计划。把计划呈交给助听器公司后，他立刻得到一个职位，并专门负责实施这项计划。

开始这项工作时，他并没有想到自己将最终为几千名失聪者带去希望和真正的解脱。如果没有他的帮助，这些人永远得不到克服听力障碍的机会。

就在为助听器公司工作后不久，他邀请我去参加他们公司组织的培训班，教导失聪者如何听与说。我从没听说过这种形式的课程，所以带着一些质疑参加了培训班，希望时间不会被完全浪费。一直以来，我努力在儿子大脑中激发出对正常听力的欲望，而这个课程正是将我的办法做了更为广泛的运用。我看到他们在培养失聪者听与说的能力，使用的正是这20多年来我对儿子布莱尔使用的方法。

如果没有我和妻子对布莱尔大脑的塑造，我相信，他可能会一辈子又聋又哑。他出生时的那个医生告诉我们，这个孩子可能永远无法听到一个音，说出一个字。后来，艾尔文医生对布莱尔做了一次彻底检查。他是治疗这类病患的知名专家。他对布莱尔的听说能力感到吃惊。他说检查结果显示，"理论上，这个孩子不可能听到任何声音"。

当我在布莱尔脑中根植下学会听说并像正常人一样生活的欲望时，这股思想的冲动带来了奇妙的影响力，让上天为他搭建了一座桥梁，将他的无声世界与外面的世界相连接——连最厉害的医学专家也无法解释这一现象。我不能假装自己知道上天是如何创造这个奇迹的，否则多有冒犯。我也不能将自己在这个奇异的过程中起到的微小作用略去不提，那也是不可饶恕的。所以我有权利、有义务，也有理由告诉你们，一个人的欲望一旦有了信念做支撑，什么奇迹都可能发生。

一个强烈的欲望会促使人不择手段地将其转变为同等的现实存在。布莱尔渴望得到正常听力。最后他得到了！他天生残疾，原本很可能成为一个没有明确目标的街头乞讨者。他却因为自己的生理残缺，而给数千名有听力障碍的人提供了实用的帮助，也给他自己带来了一份有意义的工作和数年的经济回报。

我在他心中植下的那个小小的"善意的谎言"——让他相

信他的不幸会成为一笔令他充分获益的宝贵财富——已经得到了验证。只要有信心和强烈的欲望，无论梦想是好是坏，它都可以实现。而且，信心和欲望对每个人都是免费的。

在我接触过的各种个人事例中，还没有哪个能比布莱尔的例子更说明欲望的力量。作家们常常犯的一个错误，就是对其写作对象缺乏了解。而我很幸运，可以通过我亲生儿子的经历来证实欲望的强大力量。也许这一切都是机缘巧合，因为没有人做好了面对这种经历的准备，只有碰巧遇到它的人才有机会测试欲望的力量有多强大。如果连自然之力都输给了强烈的欲望，是否可以认为，只有人类才能控制它？

人类大脑的力量是不可估量的。它可以利用一切环境、人和事物，将欲望转变为现实存在，而我们弄不明白它究竟是怎样办到的。也许科学有一天能解开这个谜题。

我在儿子大脑中植下的像其他人一样能听能说的欲望，已经成为现实。我在他大脑中植下的将他的最大缺陷转变为最大资产的欲望，也实现了。取得这个惊人成果的方法，解释起来并不困难。它包含了三个明确的步骤：首先，我传递给儿子的是欲望与信念的结合；其次，多年来，我通过不懈的努力，利用一切可能的方法，把我的欲望传达给他；再次，他相信我！

在这一部分即将结束的时候，传来了舒曼·海因克[1]女士逝世的消息。其中有一段关于她的报道揭示了这位杰出歌唱家成功的原因。我引用了其中一部分，因为它强调的正是"欲望"。

---

[1] 舒曼·海因克（1861—1936），奥地利女低音歌唱家。——译者注

在事业起步之初，舒曼·海因克女士拜访了维也纳宫廷乐团的指挥，希望能试唱。但指挥没有试听。他看了一眼这个笨拙、寒酸的女孩，不太客气地说："你长相普通，毫无特色，如何能在歌剧界获得成功？我的好孩子，放弃这个念头吧。买台缝纫机，干活去吧。你永远成不了歌唱家。"

"永远"实在太久了。维也纳宫廷乐团的指挥十分了解歌唱技巧，却不太知道，当一个人的欲望成为一种痴迷，会产生多大的力量。但凡他对这种力量有所了解，就不会错误地嘲笑一个有才华的人，连一个机会都不给她。

几年前，我的一个合伙人得了重病。随着时间流逝，他的病情越来越严重，最后被送进医院接受手术治疗。就在他被推进手术室之前，我去看望他，担心像他这样消瘦憔悴的人可能经不住重大手术的折腾。医生提醒我，这有可能是我俩见的最后一面。但这只是医生的看法。病人自己并不这么想。就在被推走之前，他无力地轻声说道："老大，别听他的，我过几天就会出院了。"照料他的护士一脸怜悯地看着我。但后来他真的平安渡过了危险期。事后，医生说："是他自己的求生欲望救了他的命。如果不是他拒绝接受死亡，他一定挨不过去的。"

我知道欲望在信念的支持下有多么强大，因为我见过它将人们从贫寒的境遇推向权力和财富的高位。我见过它把人从死亡边缘拉回。我见过，依靠着它的力量，遭受了各种挫折的人能够东山再起。我还见过，尽管已被命运分配到一个残缺的世界，我儿子仍然在它的帮助下获得了正常、幸福和成功的生活。

我们该如何驾驭并充分利用欲望的力量呢？本文及后面的

内容都会给出答案。在美国结束有史以来最具毁灭性的经济动荡期之时，这个答案会被传播到世界各处。我们可以预见到，这个答案会引起那些陷入经济泥沼的人的关注，还有那些损失了个人财产、失去职位的人，而大量要重新制订计划、东山再起的人也会对它有兴趣。我想传递一个思想给这些人：无论你想获得何种成功，无论成功的本质与目的是什么，你都必须首先拥有一个强烈的、明确的欲望。

在强烈的欲望冲动之下，人们既不承认"不可能"这样的字眼，也绝不接受失败。

幸运的是，通过引导欲望，我们可以坚定不移地朝着自己的目标前进。这个方法就是信心——致富第2步。

第二部分　信心：想象并相信你会获得成功

人常常在心中设限而无法付诸行动。培养自信心，打破自我限制！

信心是大脑中的催化剂。当思想冲动与信心调配在一起，它们发出的讯号会很快被大脑潜意识接收，并将其转化为精神等价物，进而产生无限的智慧。

在几种主要的积极情感中，信心、爱与性的力量是最为强大的。若这三者得以结合，将使思想冲动的讯号快速被潜意识接收，并转化为同等的精神力量。而唯有这样的组合，才能促使无限智慧做出回应。

爱与信心是心理层面的东西，与人类的意识有关。性是纯粹生理上的东西，与身体有关。这三种情感的结合将促进有限的人类思想与无限智慧之间的直接交流。

如何培植信心

现在,有一种说法能让我们更好地理解,在把欲望转化为它的物质等价物(或金钱)的过程中,自我暗示起了重要的作用。信心是一种心理状态,依照自我暗示原则,可以通过对潜意识不断确认或反复下达指令的方式而得到增强。

举个例子,想一想你读这本书的主要目的是什么。你很可能希望学会如何将无形的思想冲动——欲望,转化为它的物质等价物——金钱。你可以按照"自我暗示"和"潜意识"相关的内容中给出的建议,让你的潜意识相信,你所求之事必有回报。之后,你的潜意识会将信念及实现欲望的明确计划一并传递给你。

在原本不自信的地方培养起信心,这个过程很难用语言描述,就好比要对一个从未见过色彩的盲人描述红色一样,没有参照物,因此无法作出比较。信心是一种心理状态,在掌握了本书的13个原则后,你就能按自己的意愿培养起信心了,因为它是在积极主动地运用这些原则的过程中被树立起来的。

主动培养信心的唯一方法就是对你的潜意识不断地确认或反复下达指令。

下面这段话讲述了一个人成为罪犯的过程,也许可以让你进一步了解培养信心的方法。一位著名的犯罪学家曾经说过:

"人们第一次犯罪时，通常感到厌恶。接触一段时间后，一些人开始习惯，并且能够忍耐。如果接触的时间足够长，这些人最终会接受犯罪行为，并受其影响。"

也就是说，任何思想冲动，在被反复传递给潜意识后，都会最终被它接受，进而通过最实用的手段将这一冲动转化为它的物质等价物。

情感，或者说思想的"感觉"部分，是赋予思想力量、生命和行动的重要因素。如果信心、爱与性这三种情感同时与思想冲动相结合，这比起任意单一情感与思想的结合，都具备更强的行动力。

不仅是结合了信心的思想冲动，那些结合了积极情感或消极情感的思想冲动，都会被传递到潜意识，并对其造成影响。

从这句话我们可以看出，正如潜意识会对一个积极的、有建设性意义的思想做出反馈一样，它也可以将一个负面的、破坏性的思想转化为它的现实对等物。这也解释了为什么许多人都会遇到一个奇怪现象，也就是所谓的"不幸"或"坏运气"。

这些人相信自己"注定"一贫如洗或遭遇失败，因为他们无力控制这股神秘的力量。由于他们的潜意识接受了这个消极思想，并将其转化为现实等价物，于是他们就成了自己悲剧的创造者。

我想再次提醒你，当你不断告诉潜意识，你希望将欲望转化为物质或金钱等价物时，你一定可以从中获益，因为当你充满期待或信念的时候，这种转化真的会发生。你的信念或信心，决定了你潜意识的活动。当你通过心理暗示对潜意识下达指令时，你可以很轻松地"骗过"它。我就是这样"哄骗"我儿子的潜意识的。

为了让你的"哄骗"显得更加真实，当你召唤潜意识的时候，要假装好像你已经拥有了你所渴求的物质财富。

只要你拥有信念和信心，那么任何传递给潜意识的指令，都会以最直接、最可行的方式被执行，将你的欲望转化为它的物质等价物。

当然，说了这么多，就是为了帮助你做好准备。你可以通过不断尝试和实践，学会把信心融入任何传递给潜意识的指令。实践出真知，纸上谈兵是没有用的。

如果一个人在接触了犯罪行为之后就真的有可能变成一个罪犯（这是一个众所周知的事实），那么一个人在主动向潜意识表明自己的信心之后，也真的有可能建立起信心。我们的大脑会受到支配者的影响。理解了这个事实，你就能明白为什么应该尽量让积极情感主宰你的大脑，同时排斥或完全消除消极情感。

积极情感，或积极心态支配下的大脑有利于信心的养成。这样的大脑可以随意对潜意识下达指令，而该指令会被立刻接收和执行。

信心是一种心理状态，会受到自我暗示的激发

多年来，宗教人士总是劝诫那些在苦难中挣扎的人，要对各种教义教条"有信心"，但他们没有教导人们如何培养信心。他们没有告诉人们，信心是一种心理状态，会受到自我暗示的激发。

本书将用一般人能读懂的语言来阐述自我暗示的原则，通过运用这项原则，你便能够培养起尚未拥有的信心。

要相信自己。要相信无限智慧。

在我们开始讲解这项原则之前，须要再次提醒你：信心是一剂"万用灵药"，能赋予思想冲动以生命、力量！

上面的句子，你应该读两遍、三遍，甚至四遍，并且大声读出来！

信心是聚集一切财富的起步。

信心是创造所有奇迹和科学无法解释的奥秘的基础。

信心是我们所知能够治疗失败的唯一解药。

信心是一种要素，能把人类有限智慧创造出的普通"思想振动"转化为它的精神等价物。

信心是唯一能够帮助人类驾驭无限智慧的力量。

以上的每一句都可以得到证明！

证据简单易懂，它就隐藏于自我暗示的原则中。所以让我

们将目光聚焦于自我暗示原则，了解它的内容与功效。

我们都知道，一句话无论是真是假，只要我们不断对自己复述，最后都会对其深信不疑。即使是一句谎言，如果被重复多次，我们也会接受它为事实，甚至相信它就是事实。我们每一个人都在主导大脑的思想支配下变成了现在的样子。我们刻意植入大脑中的思想，受到同理心的鼓励，再融入两种以上的情感，就成为引导和控制我们行为举止的强大推动力。

下面这句话说出了一个非常重要的真理。

思想在与任意一种情感结合后，都像是具有"磁力"一般，吸引着其他相似或相关的思想。

与情感结合后具有了磁力的思想，就像一颗种子，被种植于肥沃的土壤，发芽、成长并不断繁衍，直至原先那颗小小的种子繁衍出无数颗相同的种子。

人类的所有体验和思考都发生在一个环境里（宇宙中），这里充满了放射性能量和各种"信号"：从重力到磁力，从伽马射线、X射线、紫外线、可见光、红外线、微波、无线电波到广播电视信号——我们居住的这个世界不断受到能量"振动"的攻击，尽管我们只能感知到其中一小部分。

同样，思想冲动也是能量"振动"，随着生物电流和化学反应在大脑细胞之间运动，以一种非常神秘的、尚未被解读的方式传播。

和宇宙自身一样，人类体验也充满了思想振动或思想"影响"，既积极又消极。一直以来，它既有恐惧、贫穷、疾病、失败和不幸，也有富裕、健康、成功和快乐。就像我们的大气中既有上百种物体发出的声音，也混杂着上百种人声。这些声音保持各自的独立性和辨识度。

大脑会从这个丰富的经验库里吸引那些与主导大脑的思想一致的振动。我们脑中任何一个思想、构想、计划或目标，都会从"现存的思想振动"中吸引一群相似的思想，与之合并以增强自己的力量，直至最终成为我们大脑中起着主导和推动作用的思想。

现在，让我们回到起点，了解一下原先那个构想、计划或目标的种子是如何被种在我们心里的。传递信息很简单：任何构想、计划或目标都可能通过反复的思想活动被植入大脑。因此，接下来你会被要求写一份个人目标声明，或定下一个明确的首要目标，并牢记于心，每天大声朗读，直到那些声音振动进入你的潜意识。

我们之所以成为今天的样子，都是因为我们接收到的思想振动及其在日常环境的外部刺激下所做出的表现。

无论你成长于贫困的家庭，还是现在正处于困窘的境地，都必须下决心摆脱其影响，重建你的人生秩序。清点一下你的精神资产和个人能力，你会发现你最大的弱点是缺乏自信。这个弱点可以通过自我暗示原则得到克服，将胆怯转变为勇气。运用这项原则有一个简单的方法，你可以将自己的积极思想冲动写下来，牢记于心，并不断复述，直至它们成为你潜意识的一部分。

自信的秘诀

第一，我知道我有能力实现人生中的明确目标。为此，我要求自己坚持不懈地朝着目标努力，并在此作出如下承诺。

第二，我明白主导我大脑的思想最终会以实际的外在形式表现出来，并逐渐成为现实存在。因此，我将每天花30分钟的时间来专心思考"我想成为什么样的人"，从而在脑海中塑造出一个清晰的形象。

第三，我明白只要运用了自我暗示原则，我所坚持的想法最终会通过某种实际的方法成为现实。因此，我将每天花10分钟的时间培养自信。

第四，我已清楚地写下我人生的首要目标，我将不断努力，直到建立起实现该目标所需的充足自信。

第五，我充分意识到，财富和地位只有建立在真理和公正的基础上才能持久。因此，我不会进行任何有损他人利益的交易。我会吸收我乐意使用的力量，通过与他人的合作来取得成功。我会通过服务他人的行为来获得别人的帮助。我会对所有人保持友爱，以消除仇恨、嫉妒、自私和讥讽，因为我知道，用消极情绪对待他人永远不可能为我带来成功。我会相信自己、相信他人，由此让别人也对我产生信任。

第六，我会在这份自信秘诀上署名，将它熟记于心，每天大声朗读一次，充分相信它会逐渐影响我的思想和行为，让我变成一个自立的、成功的人。

这份自信秘诀的背后是一条尚未得以解释的自然法则。它

一直以来都让科学家们感到困惑。心理学家将它命名为"自我暗示法则",但未作出更多解释。

如何给这个秘诀命名并不重要。重要的是,如果建设性地运用这个秘诀,就可为人类带来更多成功和荣耀;反之,如果破坏性地利用它,将会随时引发毁灭性的后果。以上这句话让我们发现一个重要的道理,那就是,有些人之所以因挫折而消沉,并最后活在贫困、不幸和抑郁中,是因为他们消极地使用了自我暗示原则。

大脑的潜意识无法辨别建设性思想冲动与破坏性思想冲动,它只对我们提供给它的思想原料进行加工。潜意识最终可以把由恐惧引发的思想转变为现实,就像它能把由勇气和信心驱动的思想转化为事实一样。

医学史上有很多"暗示性自杀"的案例。一个人因消极暗示而自杀的可能性和他以其他方式死亡的可能性一样大。在一个中西部城市,有一个叫约瑟夫·格兰特的银行职员,未经上级领导的批准从银行"借走"了一大笔钱,又在赌博中全部输掉了。一天下午,银行查账员来核查账户。格兰特离开银行,在一家本地旅馆要了一间房。三天后,当别人发现他时,他正躺在床上痛苦哀号,嘴里反反复复地念叨着:"上帝啊,这会要了我的命!我受不了这样的羞辱。"没多久,他就死了。医生认为这是一起"暗示性自杀"。

如果我们合理使用电力,那么它可以转动工业的车轮,为人类提供有益的服务,但如果我们使用不当,它也可能造成致命的后果。同样,自我暗示的法则可以为你带来安宁与富裕,也能把你带向不幸、失败与死亡的深渊，这取决于你是否了解它，以及如何使用它。

如果你脑中尽是恐惧、怀疑和对自己运用无限智慧的能力的不信任，那么自我暗示法则就会把这种不信任当作一个正常模式，而你的潜意识则会按照这个模式把它转化为事实。

这句话真实无误，就像2加2等于4一样！

风可以把一艘船带向东边，也可以把它吹向西面，同样，自我暗示法则既可以助你攀登高处，也可以把你推入深渊。一切都取决于你的思想之舟如何起航。

通过运用自我暗示法则，任何人都可以登上你想象不到的高峰。下面的诗句充分说明了这一点。

> 如果你认为自己会失败，那么你已经失败了，
> 如果你认为自己没有勇气，那么你肯定不敢前进。
> 如果你渴望胜利，却认为自己做不到，
> 那么几乎可以断定，你不可能赢。
>
> 如果你认为自己会输，那么你已经输了。
> 因为在这万千世界里，我们发现，
> 有志者事竟成，
> 一切关乎心态。
>
> 如果你认为自己出类拔萃，那么你就是如此。
> 只有看得远，才能登得高。

只有相信自己，才能获得胜利。

人生的赛场并不总是属于那些更快、更强的人。
最后的胜利，
属于那个相信自己能赢的人！

注意诗中特别强调的词句，你就能明白诗人想要表达的深刻含义。

在你身体的某一处（也许在你的脑细胞里）沉睡着成就的种子，一旦将它唤醒并付诸行动，它就能把你带向从未敢奢望的高度。

正如一位音乐大师能让小提琴的琴弦里流淌出最美的旋律，你也可以唤醒你大脑中沉睡的天分，让它带领你去实现目标。

亚伯拉罕·林肯一直到40岁还一事无成。他本是个无足轻重的小人物，后来，由于获得一次宝贵的经历，沉睡于他内心和大脑中的天赋被唤醒了，从此世上多了一位真正的伟人。那次经历夹杂了悲伤与爱情，对象是安妮·拉特利奇，林肯唯一真正爱过的女人。

众所周知，爱的情感与信心非常相似，因为爱也能让一个人轻松地将思想冲动转化为同等的精神力量。在多年的研究过程中，我对几百位杰出人士的生活、工作和成就进行分析后发现，几乎每一个人的成功背后都有伴侣的爱的支持。

如果你想求证信心的力量，那么你可以研究一下那些拥有信心的人都取得过什么成就。

在《薄伽梵歌》[1]中我们读道："每个人的信心都与本性相符……一个人因其信心被人所知。他可以成为任何他想成为的人（如果他带着信心不断思考自己的欲望）。"同时，"有信心的人是真诚的，他能控制自己的感官、利益和知识等。有了这个能力，他就能立刻获得平静的内心。而无知、无信心并生性多疑的人……将会灭亡。怀疑者既无法拥有此生，也得不到来生，更得不到幸福"。

让我们来看看印度圣雄甘地展现出的信心的力量。他呼吁追随者们："欲变世界，先变其身。"他是人类文明的典范，向世界展现了信心的力量。甘地比他同时代的人更懂得利用自身的力量，虽然他没有任何传统的权力武器，例如金钱、战船、军队和战略物资。他没有钱、没有家，甚至没有一身体面的衣服，但他拥有一种力量。他是如何得到这种力量的呢？

这一切源于他对信心原则的深刻理解，以及他在两亿人民的心中树立起同样信心的能力。

甘地依靠信心取得的成就，连世界上最强大的军队都不可企及，是士兵和武器永远无法做到的。他的伟大功绩是将两亿人民的大脑凝聚成一股力量。

除了信心，还有什么其他力量可以做到？

终有一天，所有的雇主和雇员都会发现信心的无限潜能。这一天离我们并不遥远。在如今笼罩全球的经济萧条环境下，

---

[1] 五千年前用梵文写成的一部印度经典，解释了人、自然与神之间的关系，对现代生活充满启迪。——译者注

我们会目睹许多因缺乏信心而事业惨败的例子。

当然，文明社会教育出了很多聪明人，面对这个影响了全球的经济局势，他们懂得吸取宝贵的教训。困难时期的大量事例证明，人们心中普遍存在恐惧感，会使工业和商业无法正常运作。而工商业领域会出现一些领军人物，他们从甘地为世人创下的先例中吸取力量，将甘地感召大批跟随者的策略应用于商界。这些领军人物将会来自没有地位也没有头衔的社会阶层，他们如今正服务于美国小城镇的钢铁厂和煤矿。

商界必定会经历一场革命，这一点毋庸置疑。过去那建立在强权与威吓基础上的经济策略，将会为信心与合作原则所替代。今后，雇员们得到的将不只是每日的薪水。他们会和投资者一样，从商业中分享到更多利益。但首先，他们要为企业做出更多贡献，而不是用牺牲公众利益的暴力方式进行争吵与讨价还价。他们须要为自己争取到分享利益的权力！

同时（也是最重要的），他们会为那些理解并懂得运用甘地策略的领军人物所指引。只有这样，领军人物才能得到跟随者的全力合作，让自己的权力最大化，也更持久。

未来社会的一个关键词将是"幸福与满足"，如果人们能达到这种状态，生产效率将自然而然地提高，其所在的企业的利润会远远超过那些工人无法将信心、个人利益与劳力相结合的企业。

经营企业需要信心与合作。在此，我将分析一个案例，让你更好地理解企业家积累财富的方法——先付出，后收获。这个例子十分有趣，会对你有所帮助。

说到这个故事，我们得回溯到1900年美国钢铁公司成立之初。当你阅读时，请记住以下这些基本事实，这样你就能充分理解构想是怎样转变为巨额财富的。

第一，庞大的美国钢铁公司一开始只是查尔斯·施瓦布通过想象而形成的一个构想。

第二，他将信心与自己的构想结合。

第三，为了将自己的构想转变为物质与金钱等价物，他制订出一个计划。

第四，他在大学俱乐部里用一场出名的演说将该计划付诸实践。

第五，他用持久的毅力和坚定的决心执行计划，直至完成。

第六，他用强烈的欲望为自己的成功之路打下基础。

如果你也对积累巨额财富的方法感到好奇，那么美国钢铁公司创立的故事会给你带来一些启发。如果你还怀疑"思考致富"的可能性，那么下面这个故事会打消你的疑虑，因为你会在这个故事里看到对本书中13个致富原则的完美运用。

约翰·洛威尔在一篇文章中对这个构想的惊人力量作过精彩的描述，这里再次呈现给各位。

价值10亿美元的晚宴演讲

1900年12月12日晚上，约有80位全美金融界名流聚集在第五大道的大学俱乐部宴会厅，向一位来自西部的年轻人表示欢迎。当时没有几个宾客意识到，他们即将见证美国工业史上一个最重要的事件。

J.爱德华·西蒙斯和查尔斯·斯图亚特·史密斯由于最近在匹兹堡访问期间受到过查尔斯·M.施瓦布的热情招待，于是安排了这场晚宴，将这位38岁的钢铁业人士介绍给东部的银行家们。他们不希望施瓦布吓跑各位宾客。事实上，他们提醒过他，这些纽约名流对演讲不感兴趣，如果他不想令这些身世显赫的人士感到厌烦，最好只说15到20分钟的客套话，然后就此打住。

即便是为了向施瓦布表示敬意而坐在他右手边的约翰·皮尔庞特·摩根，也只打算做短暂停留。对于媒体和公众来说，这场小小的晚宴还不至于要登上隔天的报纸。

于是，两位主人与他们尊贵的宾客像往常一样享用了七到八道餐点。大家很少交谈，即使有，话题也很有限。大多数银行家和经纪人都没有见过施瓦布。他的事业已经在莫农加希拉河流域发展起来了，但人们对他还不熟悉。不过，包括摩根在内的各位宾客都将在晚宴结束之前被点燃激情，一个价值十亿美元的"婴儿"——美国钢铁公司——即将诞生。

查尔斯·施瓦布当晚的讲话没有被记录下来是历史的不幸。后来他在与芝加哥银行家的一次类似聚会上，重复了此次讲话的部分内容。再后来，当政府提出诉讼，企图解散钢铁公司的时候，他以见证人的身份，再次说出了当年吸引摩根做出疯狂金融举动的一番话。

不过，很可能因为这只是一次"家常"演讲，所以有些地方不合文法（施瓦布从不费心修饰言辞），但这一席话充满睿智，并发人深思。此外，他的发言还有电流一般的力量和效果，影响着那些身家50亿美元的宾客。晚宴结束后，与会者们意犹未尽。尽管施瓦布的发言持续了足足一个半小时，但摩根又把他引至窗边，一起坐在不太舒服的高脚椅上，垂着双腿，继续交谈了一个多小时。

施瓦布的个人魅力得到了彻底的施展，而更重要、意义更深远的是他提出的关于美国钢铁公司的全面而清晰的计划。许多人都曾想与摩根合作，继饼干、电缆、糖、橡胶、威士忌、石油和口香糖的合作项目之后，再快速建立一个钢铁托拉斯。投机商人约翰·W.盖茨曾极力促进合作，但摩根对他不够信任。曾建立过一家火柴公司与一家饼干公司的芝加哥股票经纪人摩尔兄弟（比尔和吉姆），也极力谋求合作，却依然无果。伪善的乡村律师埃尔伯特·H.加里也有此意图，但他的能力不足以引起摩根的注意。这项计划一直被看作不切实际的金钱梦想，直至施瓦布的一席精彩讲话征服了摩根，让他看到最冒险的金融事业的坚实基础。

其实在10年前，这块金融磁石就已吸引了数千家小型企业和一些管理不善的企业，并将其合并为大型的具有压倒性竞争力的公司，通过善于交际的金融"海盗"约翰·W.盖茨的各种手段，在钢铁领域发挥作用。盖茨将一系列小公司合并为美国钢铁与电缆公司，并和摩根合作成立了联邦钢铁公司。国家管道公司和美国桥梁公司是另外两家摩根参与的公司，而摩尔兄弟为了组建一个"美国集团"（经营锡钢片、钢箍、钢板的全国钢铁公司），已经放弃了他们的火柴和饼干公司。

但是，在安德鲁·卡耐基那个与53位合伙人共同拥有和运营的庞大垂直托拉斯面前，这些合并公司全都不足挂齿。它们可以随意合并，但即使全部加起来，也无法与卡耐基集团的势力抗衡。摩根很清楚这一点。

那个古怪的苏格兰老人也明白这一点。他从高耸的斯基博城堡[1]往下看，看到摩根的小公司企图抢占他的市场。一开始他感到有趣，后来却心生憎恨。当摩根的企图越发明显时，卡耐基感到愤怒，并打算反击。他决定复制他对手拥有的每一座工厂。在此之前，他从来没有对电缆、管道、电线或钢板有过兴趣，他喜欢把原材料卖给这些公司，让它们将其制成他要的形状。现在，有了施瓦布这个能干的主将，卡耐基打算将对手彻底逼入绝境。不过，也正是施瓦布的那一席话让摩根看到了合并计划的解决方案。一位作家曾说过，一个没有卡耐基的托拉斯就不能算作托拉斯，就好比一个没有葡萄干的布丁就不能称作葡萄干布丁一样。

施瓦布在1900年12月12日晚上的那次演讲，即使不是一个保证，也无疑是一个推断，那就是庞大的卡耐基公司有可能被纳入摩根旗下。他谈到未来世界的钢铁市场，谈到为提高效率而重组企业，谈到专业化，撤并不景气的

---

1 卡耐基在苏格兰多诺赫湾为家人建造的一座华丽城堡。——译者注

工厂并集中力量发展繁荣产业，谈到矿砂运输的成本节约、行政管理部门的成本节约，以及如何抢占海外市场。

同时，他还指出在场的商业"海盗"们习惯性掠夺行为的错误所在。经他推测，他们掠夺的目的是抬高价格、形成垄断，从而利用特权获取丰厚利润。施瓦布深刻谴责了这种行为。他告诉观众，这是鼠目寸光，因为在市场急剧扩大的时候，它反而起了限制作用。他认为，如果降低钢铁的价格，就能促进市场的不断扩大；这样钢铁的应用将更加广泛，在世界范围内就能得到更多贸易机会。事实上，施瓦布并不知道，他所倡导的理念正是现代化大规模生产。

晚宴落下了帷幕。摩根回到家，思考着施瓦布描绘的美好前景。施瓦布回到了匹兹堡，为卡耐基经营钢铁生意，而加里和其他宾客回到他们的证券报价机旁，百无聊赖地等待下一步行动。

没有过太久，摩根花了差不多一周时间将施瓦布摆在他面前的种种理由充分消化。当他确信不会产生任何财务上的不良问题时，他派人请来施瓦布，却发现这个年轻人有些吞吞吐吐。施瓦布暗示说，卡耐基先生也许不会喜欢他所信任的公司总裁与华尔街大佬有什么往来，因为卡耐基曾决心永不踏上华尔街一步。于是约翰·W. 盖茨作为中间人提议，施瓦布只是"碰巧"出现在费城百乐威酒店，而 J. P. 摩根也可能"碰巧"落脚于此。但是当施瓦布到达时，摩根不巧卧病于纽约家中，所以碍于这位老人的一再邀请，施瓦布来到纽约，出现在这位金融家的书房门口。

现在，有一些经济史学家认为，这出戏从头到尾都是安德鲁·卡耐基一手策划的，从施瓦布受邀晚宴到他的著名演讲，再到周日晚上施瓦布和金融大亨的会面，都是这个狡猾的苏格兰老头的安排。但事实正好相反。当施瓦布被请去完成这笔交易时，他甚至不确定他的"小老板"（他对卡耐基的称呼）是否愿意听到关于出售的建议，尤其是卖给一帮在他看来天生不高尚的人。但施瓦布会面时确实带去了他亲手写下的6页数字，代表了他心中每一家钢铁公司的实际价值和盈利潜能。他认为这些公司在新金属行业中都占据了一定的重要位置。

4个人花了整整一晚上研究这些数字。为首的自然是摩根。他坚定不移地相信金钱的神圣力量。与他一起的有他的贵族同伴罗伯特·培根，他是一位学者和绅士。第三位是约翰·W.盖茨。摩根鄙视这个投机商人，把他当作工具利用。第四位是施瓦布，他比当时的任何人都更清楚制作和出售钢铁的流程。整个会面过程中，来自匹兹堡的数字没有受到任何质疑。如果他说一个公司价值多少钱，那么它就值这么多。他也很坚持，纳入合并计划的公司必须是他所指定的那些公司。他构想的公司里没有重复的设置，不会为了满足朋友的贪欲而让他们把自己公司的重担卸在摩根公司的双肩上。因此，根据他的计划，他将一些被华尔街人垂涎的大公司排除在外。

黎明到来了，摩根站起身，挺直了腰背。现在只剩下一个问题。

"你认为你能说服卡耐基卖掉公司吗?"他问。

"我可以试试。"施瓦布回答。

"如果你能让他出售,我就会接手这件事。"摩根说。

到目前为止,一切都还顺利。但是卡耐基会同意出售吗?他会如何叫价?(施瓦布的估算是3.2亿美元)。他接受怎样的付款方式?普通股还是优先股?债券还是现金?没有人能筹到3亿美元的现金。

在一月的霜冻天气里,施瓦布和安德鲁·卡耐基在圣安德鲁斯的高尔夫球场打了一场球。安德鲁裹着毛衣御寒,施瓦布和往常一样不停地说话,以振作精神。他只字未提生意上的事,直到两人最后在卡耐基那温暖舒适的小别墅内坐下。然后,施瓦布施展出他那说服了大学俱乐部里80位百万富翁的好口才,向这位老人承诺了一个安逸的退休前景,有数不清的财富可以满足他的各种社交需求。卡耐基投降了,在一张字条上写下一个数字,交给施瓦布说:"好吧,这就是我们的价码。"

这个价码大约是4亿美元。这是在施瓦布提出的3.2亿美元的基础上,又加了8000万美元作为之前两年的增值。后来,在一艘横跨大西洋的轮船甲板上,卡耐基这个苏格兰人懊悔地对摩根说:"我该多向你要1亿美元的。"

"如果你当时开口了,你一定会得到这笔钱。"摩根愉快地对他说。

自然,这次交易引起了轰动。一个英国记者报道说,这次大规模的并购令国外钢铁界都为之"震惊"。耶鲁大学校长哈德利则声称，如果不对托拉斯进行规范限制，再过25年，"华盛顿就会出现另一个统治者"。但精明的股票操盘手基恩将新股强势地推向大众，使所有额外增值都被瞬间吸收（预估约6亿美元）。于是，卡耐基得到了几百万美元，摩根财团则因为这场"麻烦"得到6200万美元，而所有"弟兄们"，从盖茨到加里，都获得了几百万美元的收益。

38岁的施瓦布也得到了他的回报。他被任命为新公司的总裁，执掌大权直到1930年。

你刚刚读完的是一个戏剧化的故事，本书之所以讲述这笔"大生意"的故事，是因为它充分证明了欲望可以被转化为物质等价物。

我猜想有一些读者会对此存疑，他们认为摸不着看不见的欲望不可能被转化为物质等价物。有些人肯定会说："你不可能两手空空地变出东西来！"美国钢铁公司的故事正是对这种质疑的回答。

这个庞大的公司是在一个人的大脑中诞生的。让这个公司并购几家钢铁厂，以获得财务稳定，这一计划也产生于同一个人的大脑中。他的信心、欲望、想象力和毅力，都是成就美国钢铁公司的重要因素。该公司合法成立后所获得的钢铁厂和机械设备，都是附带的收获。但仔细分析便会发现一个事实：公司收购的这些资产仅仅通过合并被置于统一管理之下，它们的价值就增加了约6亿美元。

也就是说，查尔斯·施瓦布的构想，加上他把该构想传达给J. P. 摩根与其他人的信心，换取到了约6亿美元的利润。对于一个构想来说，这可不是一笔小数目！

通过这次合并，那些分得了几百万美元利润的人又有了哪些变化，我们不打算在此讨论。这笔令人震惊的买卖的重要之处在于，它真切地证明了本书所阐述哲理的正确性，因为这笔交易正是建立在这个哲理基础上的。而且，这个哲理的可行性已经为一个事实所证明，那就是美国钢铁公司的蓬勃发展。它成为全美最富有也最强大的公司之一，雇用了几千名员工，开发了钢铁的新用途，并拓展了新的市场，由此证明了施瓦布的构想所创造的6亿美元利润是凭努力赚来的。

财富始于思想。

当你准备向生活索取任何自己想要的东西，作为自己辛苦工作的回报时，请记住这一点：一个人若只是把大脑中的思想付诸实践，那他只能获得有限的财富。而信心可以打破这个限制！

同样记住，那个创造了美国钢铁公司的人其实当时并不知名。在酝酿出这个著名的构想之前，他只是安德鲁·卡耐基的一个得力助手。而在那之后，他迅速攀升到一个拥有权力、名望和财富的高度。

和所有拥有伟大成就的人一样，他凭着信心的翅膀一路高升。而信心的产生，可以借助一种强大的力量，那就是自我暗示。

第三部分　自我暗示：影响潜意识的媒介

使用自我暗示原则的能力，很大程度上取决于你是否能专注于一个明确的欲望，直至为它着迷。

想象自己拥有了渴望的财富

"自我暗示"这个术语指的是通过 5 种感官到达大脑的所有暗示和自发产生的刺激。换句话说，自我暗示就是对自己进行暗示。它是大脑产生意识的区域和产生行动的潜意识区域进行沟通的媒介。

一个人的大脑意识区域产生的主导思想（消极思想还是积极思想并不重要）会通过自我暗示法则，到达潜意识区域，并对它产生影响。

除了那些得自"神来之笔"的突发灵感，没有任何一种思想（无论消极还是积极的思想）可以不借助自我暗示法则的帮助进入大脑潜意识区域。也就是说，5 种感官接收到的所有感官印象都是在大脑的意识区域被捕捉并加工的，根据个人意愿，它们要么被传输到潜意识区域，要么被排斥在外。

人类可以通过 5 种感官来完全把控自己潜意识的大门，但并不是说人类总是能够用好这个权力。在大多数案例中，人们没有控制自己的潜意识，这正是许多人一辈子穷困潦倒的原因。

回顾一下我们说过的，大脑的潜意识就像一片沃土，如果我们没有把喜欢的植物播种在这片土地上，那么杂草就会肆意生长。自我暗示就像一个监管部门，有了它，人们可以自主地将创造性的思想输送到大脑潜意识的土壤中，或者，由于一时疏忽，让破坏性思想有机会混入这片大脑的沃土。

在第一部分中，我们讲到了6个行动步骤，其中最后一条要求你把自己对金钱的欲望写下来，每天两次大声朗读，并且要能看见并感觉到自己已经拥有了那笔钱！完成这些举动后，你便能信心十足地将自己的欲望目标直接传达给潜意识。每日重复这个步骤，你就会自动培养起一个思维习惯，帮助你把欲望转化为金钱等价物。

现在，让我们先回到第一部分所描述的6个行动步骤，再把它们仔细阅读一遍。然后跳过一些内容，仔细阅读第六部分中关于组织智囊团的四项要求。把这些要求和本部分中有关自我暗示的内容进行对比，你会发现这些要求都涉及自我暗示原则的运用。

因此，请记得当你把自己的欲望清单大声朗读出来时（这样做可以培养金钱意识或是成功意识），仅仅读出这些字词是没有效果的，除非你在文字中掺入了情绪或感觉。即使你将著名的爱弥儿·柯尔[1]名言重复100万遍，"每一天，我都以各种办法，变得越来越好"，如果没有在字句中融入情感和信心，都不会取得理想的效果。只有当你的思想与情感或情绪相结合时，你的潜意识才能识别出来并使你有所行动。

这一点非常重要，所以本书的每一部分都对此进行了反复强调。大多数人正是因为不了解这一点，才在运用自我暗示原则时收效甚微。

---

1 爱弥儿·柯尔（1857—1926），法国心理学家、医生、教育家。——译者注

平淡的毫无感情的词句无法影响潜意识。只有当你学会通过饱含感情与信心的思想和语言来与你的潜意识沟通，你才能获得明显的成效。

初次尝试时，若无法做到控制与引导自己的情感，请不要气馁，记住一点，有付出就一定有回报。想要掌握与你的潜意识沟通并对其施加影响的本领，你须要付出一些代价，且你必须付出那个代价。你不能蒙混过关，即使你想这么做。

仅仅依靠智慧和聪明，是吸引不到也留不住金钱的。除了在少数案例中，受平均法则的眷顾，智慧也能吸引到金钱。但我们这里所阐述的方法并不是平均法则。而且，我们的方法不必仰仗眷顾，没有任何偏好。它对任何人都同样有效。如果最终失败，那么失败的是操作者，而不是这个方法。如果你在实践中不幸失败，请再努力一次，不断尝试，直到你获得成功。

使用自我暗示原则的能力，很大程度上取决于你是否能专注于一个明确的欲望，直至为它着迷。

我们在此就如何有效利用专注力提出一些建议。当你开始实施6个行动步骤的第1步骤时（要求你"在心中确定你想得到的金钱的具体数额"），用专注力将你的意念锁定在那个数字上，直到你真切地看见那笔钱。每天至少这样做一次。做这些练习时，按照"信心"这一部分中提出的要求，你要想象自己确实拥有了那笔钱！

一个最重要的事实是，潜意识听从任何在绝对有信心的状态下传递给它的指令，然后遵照指令行动，虽然在被潜意识接收之前，往往须要重复许多次指令。你可以考虑对自己的潜意识耍一个合理的小把戏。因为你让自己相信能够拥有想象出来的那笔财富，并且那笔钱正在等待你的认领，以此让潜意识也对此深信不疑，它必须为你提供切实可行的计划，以便找回本就属于你的财富。

不要等到一个明确的计划出炉以后，再用服务和商品去交换你想象中的财富。你应该一开始就想象自己拥有那笔钱，同时要求并期待你的潜意识将一个或几个计划交付于你。时刻留意，一旦这些计划出现，立刻将它们付诸行动。这些计划出现时，很可能会通过第六感，以灵感的形式闪入你的大脑中。这种灵感也许会被看作来自无限智慧的一封电报或一条信息。要重视它，并在接收到它的时候立刻采取行动。如果做不到这一点，你便将在通往成功的路上受到致命一击。

6个行动步骤的第4个步骤要求你"为你的欲望制订一个明确的计划，并立刻开始执行"。实践这项要求时，你应该拿出上一段中所说的态度。在制订一个可以转化欲望、积累财富的计划时，不要太相信你的理智。理智会犯错，理智也会懈怠。如果完全依靠理智的帮助，它会让你失望的。

（闭上眼睛）想象自己打算积累的金钱数额，同时想象自己为了得到这笔钱而必须提供哪些服务或卖出哪些商品。这一点至关重要！

如何运用自我暗示原则

你正在阅读本书,说明你可能正急切寻找相关理论,也可能说明你是一个学习者。如果你只是一个学习者,那么你可以在这里学到许多原来不懂的知识,但你必须秉持虚心的态度。如果你只遵循其中某几项要求去行动,而忽略或拒绝遵守其他要求,那么你是不可能获得成功的。想要取得理想的成果,你必须信心满满地去执行所有要求。

在此,我们把与6个行动步骤(第一部分)相关的几项要求作一个总结,再加上本部分所阐述的原则。如果你有一个明确的主要目标,希望获取金钱与财富,那么你应该:

第一,选择一个不被打扰的安静之处(最好是夜晚躺在床上时),闭上双眼,大声读出你想得到的金钱数额、积累该数额的时间期限、作为交换你应提供的服务和卖出的商品。当你按照这个要求去行动时,要想象自己已经拥有了那笔钱。

举例来说,假如你打算在5年后的1月1日之前赚到50万美元,作为交换,你打算以销售人员的身份提供服务,那么你的个人目标声明可以这样写:

在(某年的)1月1日之前,我将拥有50万美元。

在此期间，这些钱将陆续以不同的数额到来。

作为交换，我将竭尽自己所能，在销售方面提供最高效、最丰富与最优质的服务。（描述一下你打算提供的服务或商品。）

我相信自己能够拥有这笔钱，我有十足的信心。因此我现在就能在眼前看到这笔钱。我能摸到它。它正等待着被移交给我，只要我提供了作为交换的服务，它就会以准确的数额被按时交付于我。我正在等待一个让我积累起这笔钱的计划，一旦计划出现，我会立刻执行。

第二，每天早晚重复这一过程，直到你能（在想象中）真切地看到你打算获取的那笔钱。

第三，将你的个人目标声明贴在你早晚都能看到的地方，睡前读一遍，起床时读一遍，直到能够将其背诵出来。

记住，执行这些要求时，你实际上是在运用自我暗示原则，目的是向你的潜意识传达指令。同时记住，这些要求不仅可以用来实现金钱欲望，也可以应用在你想实现的另一个目标或欲望上。还要记住，只有将这些要求"情感化"，并"用心"地传达给潜意识，它才会起作用。而信心是最强烈也最有成效的一种情感。请遵循"信心"这一部分中的要求。

这些要求也许乍看之下十分抽象。不要受此干扰。无论它们起初看起来多么抽象与不切实际，都要坚持执行。如果你从精神到行动都遵照着指示去做，那么很快，一个赋予你力量的全新世界就会出现在你面前。

所有新观念的产生都伴随着怀疑，这是人类的一个共同特点。但如果你遵循了这些指示，那么你的怀疑很快就会被相信取代，进而转变为绝对的信心。而到了这时候，你也许才会真正发自肺腑地说出这句话："我是自己命运的主宰者，自己灵魂的统帅。"

许多哲学家都说过这句话，即每个人都是他自己世俗命运的主宰者，但大多数哲学家都无法说出其原因。本部分详细说明了我们能主宰自己的人生地位，尤其是我们的经济地位的原因。我们之所以能主宰自身和周围环境，是因为我们有对潜意识施加影响的能力，通过这种影响力，我们能从无限智慧那里获取帮助。

你正在阅读的这个部分为你呈现了"思考致富理论"的基石。如果想成功地把欲望转化为金钱或其他你正在寻求的成果，你必须完全读懂这一部分所涵盖的各项要求，并坚持不懈地去执行。

在把欲望转化为金钱的实际操作中，你要学会使用自我暗示法，它是帮助你与潜意识沟通并对其施加影响的媒介。其他原则不过是运用自我暗示法时使用的工具。记住这一点，你将会时时注意到，在你努力积累财富的过程中，自我暗示法所起到的重要作用。

像个孩子一样去完成这些指示吧！付出努力之外，再加入一些孩子般的信心。我由衷希望能够帮助各位，因此我仔细地检查过，保证没有提出任何不切实际的要求。

等你读完全书，再回到这一部分，用精神和行动来完成以下指示：

每天晚上把这一部分的内容大声朗读一遍，直到你对自我暗示原则的作用深信不疑，直到你相信它会帮助你达成一切愿望。当你朗读时，在每一个你喜欢的句子下面用铅笔画线。

严格遵循以上指示，它会帮助你完全理解并掌握开启成功之门的所有法则，其中包括我们即将谈到的"专业知识"——致富第4步。

第四部分　专业知识：个人经验或见解

大多数教授的专长是教授知识，而不是带着积累财富的目的来组织与运用知识。

知识分为两种：一种是通识知识，另一种是专业知识。通识知识无论在数量和门类上有多丰富，对于财富的积累都并无多少帮助。优秀大学的各个科系基本上聚集了文明史上各种门类的通识知识。可是大多数教授的专长是教授知识，而不是带着积累财富的目的来组织与运用知识。

知识本身带不来财富（或任何形式的成功），除非以积累财富为明确目标，将知识组织起来，并通过切实可行的行动计划，进行巧妙引导。数以百万的人因为缺乏对这一点的了解，错误地理解"知识就是力量"。事实并非如此。知识只是一种潜在力量。只有当它被组织成明确的行动计划并导向明确的目标时，它才能成为一种力量。

这"缺失的一环"几乎存在于所有教育体系中。因为教育机构无法成功地教导学生如何在获取知识之后对其进行组织与运用。

许多人错误地认为，由于亨利·福特没上过多少学，所以他一定缺乏教育。这些人并不了解亨利·福特，也不理解"教育"这个词的真正含义。"教育"一词在拉丁文中的意思是从内向外推演、引申、发展。

一个受过教育的人并不一定有丰富的通识或专业知识。真正的教育是让一个人的大脑得到充分发展，让他可以获得自己想要的任何东西，同时不侵犯他人的权益。在此意义上，亨利·福特是受过教育的人。

一战期间，一份芝加哥报纸发表了一篇社论，其中一句把亨利·福特称为"无知的和平主义者"。福特先生反对这个说法，控诉该报纸诽谤。在法庭审理此案时，该报纸的律师在辩护环节为了向陪审员证明亨利·福特的无知，请亨利·福特走上证人席，对他提出了各式各样的问题，想通过他的回答来证明，虽然亨利·福特掌握了大量汽车制造方面的专业知识，但他总体来说是个无知的人。

福特先生面临的各种问题包括："本尼迪克特·阿诺德[1]是谁？""1776年英国派遣了多少士兵到美国镇压反叛军？"福特先生是这么回答第二个问题的："我不知道英国派遣兵的具体人数，但我听说派来的人数比活着回去的多得多。"

最终，福特先生对这一连串提问感到了厌倦。回答一个尤为失敬的问题时，他身体前倾，指着那个提问的律师说："如果我真的打算回答你刚刚提出的那个愚蠢的问题，或者其他任意一个问题，那么我不妨告诉你，在我办公桌上有一排电子按钮，只要按下相应的按钮，我就能找来助手，想了解关于我辛苦经营的生意的任何情况，他们都能回答。现在请你告诉我，既然我身边有人可以提供任何我需要的知识，我为什么还要为了回答问题，而在脑子里堆满各种通识知识呢？"

这的确是个无法反驳的回应。这个答案难倒了律师。法庭上的每个人都意识到，给出这个答案的人绝非无知之辈，他一定接受过教育。一个受过教育的人知道在有需求时该去哪里寻找答案，知道该如何组织知识，制订出明确的行动计划。依靠着智囊团的帮助，亨利·福特掌握了所有他需要的专业知识，成为美国最富有的人之一，而他本人并不须要将所有知识储存

---

[1] 美国独立战争中极具战略才华、足智多谋的领导人之一。——译者注

在大脑中。显然，有足够的意愿和才智来阅读本书的人，会理解这个例子要表达的重要观点。

在你还不确定自己是否能够把欲望转化为金钱等价物时，你可以学习有关服务、商品和行业的专业知识，以作为兑换财富的筹码。也许你需要的专业知识超出了你的学习能力和意愿，那么你可以借助智囊团的力量来弥补这一不足。

安德鲁·卡耐基说过，他自己对钢铁生意的技术方面一无所知，他也并不须要了解这一切。他需要的钢铁生产和营销方面的专业知识，都可以通过他的智囊团获得。

积累巨额财富须要对专业知识进行精心的组织与巧妙的引导，而专业知识却不必掌握在积累财富的那个人手中。

如果你有积累财富的雄心，却没有相应的教育背景为你提供所需的专业知识，以上这段话应该能给你一些希望和鼓励。有些人因为没有受过良好教育而终身自卑。但是，如果一个人懂得组织并领导一个掌握着积累财富知识的智囊团，那么他就和智囊团成员一样有学识。如果你因为没受过学校教育而感到自卑，请记住上面这句话。

托马斯·A.爱迪生一生中只受过三个月的学校教育，但他不是个没有知识的人，更没有死于贫困。

亨利·福特在学校还没上到六年级，但他白手起家，事业有成。

专业知识是我们可以获得的最普遍也最廉价的服务形式。如果你不相信，请查看任意一所大学的工资清单。

掌握了获取知识的途径，就一定能得到回报

首先，了解你需要哪种专业知识，以及你为什么需要它。很大程度上，你的主要人生目的，也就是你为之奋斗的目标，会帮助你确定自己需要哪些知识。确定了这个问题之后，下一步你须要准确地掌握一些可靠的知识来源。一些重要来源包括：

1. 你自己的经验和所受教育；
2. 通过与他人合作而获得的经验和知识；
3. 大专院校；
4. 公共图书馆（通过阅览书本杂志，可以找到承载着人类文明的知识）；
5. 专业培训课程（尤其是通过夜校和函授学习）。

获取知识的时候，须要在明确目标的指引下，通过可行的计划将知识进行整理与使用。知识本身没有价值，除非是为了某个有意义的目的而使用它。这就是为什么大学学位本身并不具有多高的价值，它只能作为一个人具备多种知识的证明。

如果你考虑接受更多教育，首先要明确你获取知识的目的，然后了解这项专业知识可以从哪些可靠的途径获得。

各行各业的成功人士，从未停止过学习与他们的主要目的、职业和业务有关的专业知识。而那些失败者往往错误地认为，自己学业的结束也停止了学习知识的脚步。事实上，学校教育只不过是为未来获取实用知识铺路而已。

如今，我们生活在一个不断变化的世界里，不难发现，教育的要求也随之发生了惊人的变化。今天的社会讲求专业化。担任哥伦比亚大学的主任时，罗伯特·P.摩尔曾在一篇报道中强调了这一事实。这篇报道摘录如下。

受欢迎的专业人才

用人单位尤其需要专攻某一领域的应聘者。比如受过会计和统计学培训的商学院毕业生，各类工程师、记者、建筑师、化学家，以及受过高端课程培训的优秀领导者。

毕业生中，那些在校园里表现活跃、个性随和，能与各色人等和睦共处又能兼顾学业的人，比起刻苦死板的学生，有绝对的优势。他们中的一些人，由于素质全面，收到了好几份工作邀请，有的甚至多达6份。

我们正在告别一个旧的观念，那就是"全优生"总是得到更好的工作。摩尔先生说，大多数公司看重的不仅仅是学业成绩，同样重视一个学生参与各类活动的情况及其性格特点。

一家大型实业公司（该领域的龙头企业）在给摩尔先生的信中就未来大学毕业生的问题说道："我们的主要兴趣是找到可以在管理工作上有优异表现的人。因此，我们重视的是他的人品、智力和个性，这比他的特定教育背景重要得多。"

建议设立"实习制度"

建议在暑假期间让学生进入办公室、商店和各行业实习。摩尔先生认为，经过头两三年的大学学习后，每个学生应该"选择一门明确的应对未来的课程，如果一个学生只满足于无目的的学习，所修课程毫无专业性，那么学校应该对此行为叫停"。

"高等院校应该正视一个实际存在的问题，那就是所有行业与职业现在都需要专业人才。"摩尔先生说，同时敦促教育机构在职业指导方面承担起更多责任。

在许多大城市里，对于那些需要专业培训的人来说，一个最可靠也最实用的知识来源是夜校。在美国，只要是邮政系统覆盖的地方，都有提供专业培训的继续教育学校，开设的课程囊括了所有可以进行继续教育教学的科目。美国人也很幸运，有非常丰富的自学课本、课程为其提供专业培训和专业知识。继续教育课程的一个尤为突出的优势是学习计划的灵活性。学生可以在业余时间学习，也可以在工作间隙或旅游期间学习。

任何无须努力且无须付费就能得到的东西通常都不被珍惜，也往往遭到质疑。也许这就是我们无法从宝贵的公立学校的课程中学到什么的原因。一个人通过专业化的课程学习而培养起自律性，一定程度上可以弥补之前浪费掉的学习机会。

我从自己早期的工作经验中学习到了这一点。我报名申请了一个在家学习的广告课程。在上了8次还是10次课之后，我停止了学习，但这个学校还是不断给我寄来账单。同时，学校坚持要求我付费，无论我是否继续学下去。于是我决定，如果不得不继续付费（从法律上说，我必须这么做），那我就应该上完所有课程，不能白白浪费掉这笔钱。那时我觉得这个学校的收费系统运作得太严苛了，但在之后的生活中，我意识到这是极其宝贵的一课，而且没有收费。由于被强迫交费，我继续学习，完成了所有课程。虽然我是极不情愿地完成了广告课程的培训，但这些知识后来帮助我赚到了钱，于是我认识到，如果用钱来衡量这门课程，它其实价值不菲。

美国拥有世界上领先的公立学校体系。我们投入大量财力建造了漂亮的校舍，我们为住在郊区和更远地段的学生提供方便的交通工具。这么先进的制度却有一个很明显的缺陷——它是免费的！人类有一个很奇怪的特点，他们更珍惜要付费的东西，而不被学校和图书馆吸引，因为它们看起来是免费的。这是很多人在毕业工作后发现有必要接受额外培训的一个主要原因。这也是为什么老板们愿意支持员工定期进行自学培训或其他形式的职业发展培训。他们由经验得知，任何一个愿意牺牲部分业余时间或利用工作闲时去提高职业技能的人，往往都具有领导者的素质。所以这种做法不是一种公司福利，而是从雇主角度作出的理智的商业决断。

对人们来说，尤其是那些依靠薪水过日子的人，如果他们愿意把业余时间用来提高自身素质，一般在基层待不了多久就会得到晋升。他们用实际行动开拓出向上晋升的路径，清除了路障，也获得了能为自己的人生提供机会的人士的青睐。

自我提高法，或者说"在家学习"的培训方法，尤其适合职场打拼的人。离开学校后，他们发现自己必须学习额外的专业知识，却苦于没有时间重返校园。

如今，经济形势的变动让成千上万的人不得不寻求一个新的赚钱途径。对大部分的人来说，解决这个问题的办法就是学习一门专业知识。许多人将被迫完全改变自己的职业。当商人发现某种商品滞销时，他们通常用另一种需求量大的商品来替换。若一个人的工作是推销个人服务，那么他必须像高效的商人一样；当一个行业的服务无法带来足够回报时，他必须跳到另一个机会更多的行业去。

斯图亚特·奥斯汀·威尔原来是一名建筑工程师，他一直从事这个工作，直到经济大萧条限制了市场，以致他赚不到生活所需的收入。他分析了自身条件，决定改行从事法律工作。于是他重新回到学校，学习专业课程，准备成为一名律师。尽管大萧条时期还未结束，但在完成相应培训，通过律师资格考试之后，他很快就在得克萨斯州达拉斯市开办了一家收入丰厚的律师事务所，生意好到不得不推掉一些客户。

也许有人会找借口说："我没法回学校学习，因为我还要养家糊口。""我已过了学习的年纪。"为了纠正这些错误观点，我要再补充几句。威尔先生重返校园读书时，已经年过40岁，有了家庭。但他精心挑选了高度专业化的课程和开设该课程的最优秀的学校，然后在两年内学完了大部分法律系学生需要四年才能读完的课程。可见，掌握了获取知识的途径，就一定能得到回报！

成功之路就是不断学习知识的道路。

成功始于好的构想

让我们分析一个具体案例。

大萧条时期,一个杂货店的售货员被解雇了。由于有过一些记账的经验,他选了一门会计学的专业课程,熟练掌握了所有最新的记账技能和办公知识,然后开始自己创业。从他原先工作的那家杂货店的老板开始,他与100多个小商人签订了合同,每月以极低廉的价格为他们提供记账服务。他的构想非常实用,于是他很快在轻型货车上安设一间流动办公室,并配备了现代记账设备。接着,他创建了一个专门记账的"车轮办公室"队伍,并雇用大批助手,以极优惠的价格为小商人提供性价比最高的记账服务。

专业知识加上想象力,是这家公司独特而成功的原因。很快,他这个公司老板上交的所得税几乎达到了他那个杂货店旧雇主所交的十倍。经济大萧条给他带来了短暂逆境,最后让他因祸得福。

这家公司的成功始于一个构想!

我有幸为这个失业的售货员提供了这个构想。假设我有幸再提供一个构想,在我看来,它不仅有可能为成千上万需要这项服务的人提供帮助,还可以带来可观的收入。

这个构想最初是由那个放弃了销售工作并开始广泛提供

记账服务的售货员提出的。当我把计划告诉他，以解决他的失业问题时，他马上大声回答："我喜欢这个想法，但我不知道该怎么把它转变成钱。"也就是说，他在学习了记账知识之后，不知道该如何营销这项技能。这就出现了另一个有待解决的问题。

这时来了一个年轻的打字员，她善于创新，在手写字体与整合资料方面尤为出色。在她的帮助下，售货员编写出一份吸引人的手册，描述了新记账制度的各项优点。她打印出清爽整齐的页面，将它们贴在一本普通的剪贴簿上，让这本手册成了一个"无声的推销员"。手册生动地介绍了新业务的内容，从而为它的主人带来了源源不断的订单。

今天，在美国各地的社区里，有数千人需要推销专家的帮助，就像这个打字员一样，能够准备一份引人注目的宣传手册，帮助他们推销个人服务。这种推销服务的年度总收入可以轻松超过一家职业介绍中心，而这项服务为购买者带来的好处远远多于他们从职介中心那里得到的。

下面的这个构想是为应对一个紧急需求而产生的。但它并未停留于只为一个人提供服务。提出这一构想的女人具有敏锐的想象力。她在自己的构想中看到了一项新业务的影子，这项业务可以为数千名需要推销个人服务的人提供实用的指导，带来极具价值的帮助。

在她草拟的第一份"个人服务推销计划"取得了立竿见影的成果之后，这个精力充沛的女人受到了鼓舞，接着为她儿子解决了一个类似的问题。她的儿子刚刚大学毕业，正苦于找不到合适的工作。她为儿子创建的这份简历是我见过的所有个人服务推销计划中最出色的范例。

她完成的这份简历包含了50多页打印精美、组织妥当的内容，讲述了她儿子的天赋才能、教育背景、个人经历，以及在此无法一一描述的各种丰富的信息。这份简历还详细地勾勒出了她儿子希望得到的理想职位，同时用优美的文字介绍了他为进入该职位所制订的具体计划。

撰写这份简历需要几周的时间。在此期间，她几乎每天都让儿子去图书馆搜集所需资料，以便发挥他个人服务的最大优势。她还让他去了解未来雇主的所有竞争对手，从他们那里收集到有关经营策略的重要信息，这一举动意义重大，帮助他制订出了适合自己理想职位的完美计划。这份简历完成后，里面有超过6条可使未来雇主获益的绝佳建议（后来这些建议都被公司采用）。

也许有人想说："找一份工作为什么要这么麻烦？"答案很直接，也很鼓舞人，因为它可以帮助几百万人解决他们的问题，而这些人唯一的收入来源就是出售个人服务。

所以答案就是："把一件事情做好，从来就不能怕麻烦！这个女人为儿子所创建的简历，帮助他在初次面试时，就以他自己设定的薪资，得到了所申请的工作。"

他是以初级管理者的身份开始工作的，拿的是管理层的工资。

从基层开始一步步向上晋升的想法，听起来很合理，但大多从基层开始工作的人很难得到出人头地的机会。我们也要明白，位于基层的人可能无法拥有宽阔的视野，这很可能让他们丧失抱负。

丹·赫尔宾的故事能够充分说明我的观点。他在大学期间担任著名的全国冠军圣母橄榄球队的经理，当时的教练是克努特·罗克尼。

也许是受到了这位伟大教练的鼓励，他被教导要志向高远，不要把一时的挫折当作失败，就像伟大的工业领袖安德鲁·卡耐基鼓舞他年轻的助手们要心存远大目标一样。无论如何，年轻的赫尔宾大学毕业时，正值一个非常不景气的时期，经济大萧条使得工作机会非常稀少，因此，在投资银行与电影业碰过运气后，他选择了能找到的第一份有前景的工作——以抽取佣金的方式销售助听器。这是一份任何人都可以做的工作，赫尔宾清楚这一点，但这可以为他开启机会的大门。

他在这个不太喜欢的岗位上持续工作了两年，如果没有因为不满而采取什么行动的话，他将永远找不到任何更好的工作。他首先瞄准了自己公司销售经理助理的职位，而后得到了这份工作。向前迈出的这一步让他足以超越大多数人，发现更大的机遇。同时，这份工作也让机会能够找到他。

他在销售助听器的业务上创下了辉煌的纪录。后来，他公司的竞争对手，维特费尔德公司的董事会主席 A. M. 安德鲁斯开始打听从自己这家老牌公司抢走大笔生意的"那个丹·赫尔宾"。他派人请来赫尔宾。他们的谈话结束后，赫尔宾成为维特费尔德公司助听器部门的新任销售经理。为了试验年轻的赫尔宾，安德鲁斯先生离开公司去佛罗里达州待了三个月，留他一人在新岗位上自生自灭。他没有毁灭！克努特·罗克尼那"胜者为王"的精神激励了他，让他一心沉迷于工作中。他最终当选为该公司的副总裁，兼任助听器和无噪声收音机部门的经理。这个职位是大多数行政经理经过10年的忠心付出后才有荣幸得到的。而赫尔宾在短短6个月的时间里就得到了它。

我们很难说安德鲁斯先生和赫尔宾先生之间，谁更值得被赞颂，因为这两个人都展现出了一个难得的素质——丰富的想象力。安德鲁斯先生在年轻的赫尔宾身上发现了十足的进取心，这一点值得肯定。而赫尔宾没有停留在自己不喜欢的岗位上，他拒绝向生活妥协的做法也值得肯定，而这正是我想强调的一个道理：无论我们是升至更高的位置，还是停留在基层，只要我们有控制局势的欲望，我们就有这个能力。

我想强调的另外一点是，成功与失败在很大程度上都源于习惯！毫无疑问，丹·赫尔宾与美国史上最伟大的橄榄球教练之间的亲密友谊，在他大脑中植下了想要获胜的强烈欲望，正是这种求胜心令圣母橄榄球队成为一支举世闻名的队伍。的确，英雄崇拜能使人进步（如果我们崇拜的是一位胜利者）。赫尔宾告诉我，罗克尼是历史上最伟大的领袖之一。

我认为无论成功还是失败，与同事的关系都是重要的影响因素。这一点在我儿子布莱尔与丹·赫尔宾就一个职位进行协商时得到了证实。赫尔宾先生为他开出的起薪只是其竞争公司开出价格的一半。作为父亲，我给布莱尔施加了一些压力，劝他接受了赫尔宾先生提供的职位，因为我相信，与一个不满自身处境且拒绝向它妥协的人的密切接触，是一笔无法用钱估量的财富。

也许有些人会在我简要描述的几个构想中找到实现他们财富欲望的方法。这几个简单的构想就像是几株幼苗，长成了财富的大树，遍布全国。比如，伍尔沃斯的 5 美分商店的构想在当时看起来如此简单，似乎不值一提，但它为这位构想者带来了大笔财富。

好的构想是无价之宝！

而支撑这些构想的是专业知识。遗憾的是，那些赚不到大量财富的人能轻易获取丰富的专业知识，却很难得到好的构想。能力意味着想象力。我们需要想象力来把专业知识与构想结合，形成有条理的计划，进而获取财富。

如果你有想象力，本部分所讲述的故事可能会给你启发，让你产生一个实现财富欲望的构想。记住，专业知识可以轻易得到，也许就在下一个转角，而好的构想才是关键之处。想象力是一种催化剂，能让好的构想与所需的专业知识结合，进而获得成功。

第五部分 想象力：大脑工厂

我们唯一的限制是自己思想上的限制。想象力是一个工厂。人类的所有计划都是在这里被创造出来的。

我们唯一的限制是思想上的限制

想象力是一个工厂。人类的所有计划都是在这里被创造出来的。所有的冲动和欲望都是在大脑的想象力车间里被塑造成型。

俗话说,只有想不到,没有办不到。

在文明史上的所有时代里,我们现在所处的时代是最有利于发展想象力的。因为这个时代里,一切事物都快速地变化。生活中的方方面面都可能激发我们的想象力。

借助想象力,我们在过去50年内发现并驾驭的自然之力,比之前各个历史时期的总和都要多。我们彻底征服了天空,研发出的飞行器的飞行高度甚至超过了鸟类。我们掌握了电磁波谱,利用它与世界各地进行即时通信。我们研究并测量了与我们相隔一亿多公里的太阳的重量,并借助想象力分析了它的组成物质。我们发现人类大脑是"思想振动"的广播站与接收站,尽管对这个现象的认识才刚刚起步,我们却打算把它应用在实践中。我们还提高了旅行的速度,如今可以在纽约吃早餐,然后去旧金山享用午餐。

我们唯一的限制,不夸张地说,就在我们对想象力的开发和运用上。我们对想象力的开发与运用还不够极致。我们刚刚才发现人类拥有想象力,并开始以非常基本的方式运用它。

两种想象力

从想象力的功能角度来看，它可以被分为两种：一种被我们称作"综合性想象力"，另一种是"创造性想象力"。

综合性想象力——运用这种想象力，我们可以将已有的概念、构想和计划进行重新整合。这种想象力不会创造出新的东西。它只是从经验、知识和观察中提取材料并进行加工。发明家最常使用这种想象力，当然有些天才是特例。当无法用综合性想象力解决问题时，发明家们会求助于创造性想象力。

创造性想象力——"直觉"和"灵感"也是通过这种能力获取的。它能让我们获得所有基本构想和新构想。

接下来的几页里将介绍创造性想象力如何自发运作。只有当大脑的意识部分以超高速或超能量运转时，比如大脑意识受到了某种强烈欲望的刺激时，这种想象力才会启动。

创造性想象力被运用得越频繁，开发得越充分，它对上文提到的刺激物的反应就越敏锐。这一点非常重要！请先充分理解这一点，再继续阅读。

当你遵循这些原则时，请记住，将欲望转化为金钱的方法，无法用一句话来概述。只有当你学习、掌握并开始使用本书所阐述的所有成功法则，并将它们结合运用时，你才得到了一个完整的方法。

商界、工业界和金融界的伟大领导者，以及优秀的音乐家、诗人、作家，他们之所以出色，是因为他们运用并开发了创造性想象力。

这两种想象力都会随着使用次数的增加而变得更加敏锐，就像人体的肌肉和器官一样，越用越发达。

欲望只是一种思想，一个冲动，模糊且短暂。在转化为物质等价物之前，它很抽象，也没有价值。虽然在把欲望冲动转化为金钱的过程中，我们会大量运用综合性想象力，但请记住一点，在某些情况下，你也须要运用创造性想象力。

如果不经常使用想象力，它就会变得越来越迟钝。只有频繁使用它，才能让它焕发新生，日益敏锐。尽管会因为疏于使用而进入休眠状态，但它不会彻底消亡。

现在，先让我们把注意力放在开发"综合性想象力"的方法上，因为在实现金钱欲望的过程中，你最常用到的是它。

要想将无形的欲望冲动转化为有形的金钱，我们须要制订一个或多个计划。想象力，主要是综合性想象力，会帮助我们形成这些计划。

在你通读完这本书后，请再回到这一部分，立刻运用你的想象力去制订一个或几个能将你的欲望转变为金钱的计划。几乎每一部分都给出了制订计划的具体办法。按照那些最适合你的办法去操作，并将计划写成文字（如果你还没写下来的话）。当你制订好计划时，无形的欲望就有了具体的、明确的形式。将前面这个句子再读一遍，大声地、缓慢地念出来。朗读时，请记住，在你把欲望和实现欲望的计划写成文字时，你实际上就已经完成了"将思想转化为物质等价物"这一过程的第一步。

你生活的这个世界、你自身和其他所有物质都是进化的结果。通过进化，细微的物质被有序重组。

现在你的任务就是运用大自然的法则来获取财富。我们诚挚地希望，你能尽量适应自然法则，努力将欲望转变为它的物质或金钱等价物。你可以做到！因为自然界就是这样做到的！

你可以运用永恒不变的自然法则来创造财富。但首先你得熟悉它们，并学会使用它们。本书从各个角度对这些法则进行了反复描述，希望能为你揭示每一笔巨额财富的积累所使用的秘诀。大自然已经把这个秘诀展示给了我们，就在我们生活的这个地球上，那些我们能看到的悬于空中的星星，我们周围的事物，每一片叶子，还有目之所及的每一种生命形式，都蕴含着这个秘诀。

大自然以生物学术语向我们展示这一秘诀。把一个比针尖还小的细胞，转变为现在正阅读这句话的你我。相较之下，把欲望转变为其物质等价物，算不上有多神奇！

如果你没能完全理解上面的内容，不要灰心丧气。我们并不指望你只读一遍就能消化本部分的所有内容。

但你最后一定会有所提高。

以下的原则将拓展你对想象力的理解。第一次读这个哲理时，它会融入你原有的理解之中，再次阅读并分析时，你会发现自己的思路更加清晰，理解也更加透彻。总之，在你学习这些原则时，不要停下来，也不要犹豫，等你把本书阅读至少三遍之后，你就会不舍得放下了。

如何把想象力运用于实践中

所有财富都始于构想,而构想是想象力的产物。让我们分析几个创造了巨额财富的著名构想,希望这些例子能明确地告诉我们,如何运用想象力来积累财富。

50年前,一个年迈的乡村医生驾着马车来到镇上。拴好马后,他悄悄从后门走进一家药店,开始和年轻的售货员进行交易。

他注定要为许多人带去财富,为南方人民带去内战以来最广泛的好处。

这位老医生和售货员压低嗓门,在药店的柜台后面谈了一个多小时。接着,老医生走出门,来到马车旁,拿出一个老式的大水壶和一根木制搅拌棍(用来搅拌水壶里的液体),然后把它们放在药店后堂。

售货员仔细检查了水壶,然后把手伸进衣服口袋,拿出一卷钞票,交给老医生。这卷钞票共计500美元——是售货员的全部积蓄!

老医生将一张小字条交给他,上面写着一个秘密配方。这张小字条上的文字价值连城!对老医生却没有价值!这些神奇的文字可以让水壶里的液体"沸腾",但无论是医生还是年轻售货员都还不清楚，从这个水壶里流出的液体到底可以带来多少财富。

老医生很高兴将这套"设备"卖出了500美元。这笔钱可以帮他还清债务，解除他的思想负担。而售货员冒着极大的风险将毕生积蓄押在一张字条和一个老水壶上！他做梦也想不到，他的这项投资会让水壶流出"黄金"，甚至超越阿拉丁的那盏神灯。

其实这个售货员真正买到的是一个构想！

老式水壶、木质搅拌棍及字条上的神秘文字，是一个偶然的组合。当这个水壶的新主人在神秘配方中调入了一种老医生完全不认识的成分后，神奇的事情发生了。

认真阅读这个故事，考验一下你的想象力！看看你是否能发现这个年轻人往神秘配方中加入了什么东西，令水壶流出"黄金"。读这个故事时，请记住，它不是《一千零一夜》里的童话，虽然读起来比小说还离奇，但这是个始于构想的真实故事。

让我们看一看这个构想产生出了怎样惊人的财富。世界各地的人把水壶里的液体售卖给了几百万消费者，无数人因此获得了巨额财富，并且将一直靠它赚钱。

这个老式水壶现在是世界上最大的糖业"消费者"，为几千名从事甘蔗、甜菜与其他糖料作物种植的人，以及从事白糖生产和销售的人提供了稳定的工作。

这个老式水壶每年要消费数百万个玻璃瓶和铁罐，给大批生产这些容器的工人提供了就业机会。

这个老式水壶为全美数量庞大的店员、速记员、广告撰稿人提供了工作。它也为那些创作出与产品相关的图画和广告的艺术家带去了名气和财富。

这个老式水壶让一个南方小城摇身一变，成为南部的商业重镇，而这座城市的各行各业和每一个居民基本上都直接或间接地因它而获益。

这个构想的影响力惠及这个世界上的每一个国家，将源源不断流出的"黄金"送到每一个与它接触的人面前。

从壶里流出的"黄金"为南部最著名的一所大学的建造和维护提供了支持，数千名年轻人在那里为获取成功而接受重要的培训。

在经济大萧条时期，当几千家工厂、银行与企业纷纷关门倒闭之时，这个魔法水壶的主人却继续拓展业务，给大批百姓提供持续不断的就业机会，为那些一直对该构想抱有信心的人带去额外的财富。

如果这个水壶里的产品会说话，它会用各种语言讲述令人兴奋的浪漫故事——浪漫的爱情故事、浪漫的商业故事，以及每一天都受它鼓舞的职场雇员的故事。

我很了解其中一个浪漫故事，因为我也是故事中的一员。而故事就发生在那名职员买下老水壶的药店的不远处。我正是在那里遇见我妻子的，她是第一个把这个魔力壶的故事讲给我听的人。我向她求婚时，我们正喝着老水壶里的产品。

无论你是谁，无论你生活在何处，无论你从事哪种职业，将来每当你看到"可口可乐"的字样时，都请记住，这个拥有丰厚财富与强大影响力的帝国，就始于一个构想。而那个药店职员阿萨·坎德勒往神秘配方里加的秘密成分就是想象力！

"有志者，事竟成。"这句话是我敬爱的教育家兼牧师，已故的弗兰克·W. 冈萨雷斯告诉我的。他是从南加州的畜牧场开始发展他的传道事业的。

冈萨雷斯博士在上大学的时候，观察到我们的教育体系存在许多问题，他认为如果自己成为大学校长，就能够解决这些问题。他最大的愿望就是成为一所院校的校长，教导学校里的年轻人在实践中学习。

他决定成立一所新学校，让他可以不受传统教育法的制约，去实践自己的构想。

他需要100万美元来实现这个计划！该去哪里筹集这么一大笔钱呢？这个问题一直萦绕在这位年轻牧师的心头。

每天晚上，这个问题都伴着他入睡；每天早上，这个问题都伴着他起床。无论他走到哪儿，这个问题都萦绕于心。

他在大脑中反复思考这个问题，直到它成为一个摆脱不了的强烈意念。100万美元是很大的一笔钱。他清楚这个事实。但他也认识到，我们唯一的限制是自己思想上的限制。

作为一位哲学家兼牧师，冈萨雷斯博士意识到，一切都必须从确立一个明确的目标开始，所有成功人士都是这样起步的。他也意识到，一个明确的目标必须在强烈欲望的推动下，才能具备生命与力量，将这个目标转变为物质等价物。

他明白所有这些重要事实,但他就是不知道该去哪儿筹集这100万美元。一般人在这种情况下早就放弃这个念头了,想着:"好吧,这是个好构想,但我对此无能为力,因为我无论如何也筹不来这100万美元。"大部分人都会这么想。可冈萨雷斯博士不这么想。他所说的话、所做的事,都具有重要意义,所以现在我要介绍他出场,由他亲自讲述。

一个星期六的下午,我坐在自己的房间里,思考着各种可以筹到资金并实施计划的方法。将近两年的时间里,我都在思考这个问题,但除了思考,我什么也没做!

是行动的时候了!

我下定决心,要在一周之内筹到这笔必需的钱款。怎么做到呢?我没有考虑好。但重要的是,我有一个在限定时间内筹到钱的决心。我想告诉你,就在我下定决心的这个时刻,我的全身涌上一种我从未体会过的奇怪的确定感。我体内似乎有一个声音在说:"你为什么不早点作这个决定?这笔钱一直在等你领取!"

于是事情进展得很快。我打电话给报社,宣布我要在第二天早上做一场布道,题目是"假如我有100万美元"。

我立刻开始准备这次布道,但老实讲,这次的任务并不困难,因为近两年来,我一直在为它做准备。我本人已经完全融入这场布道了!

夜还未深,我就完成了准备工作。我充满自信地上床睡觉。因为我似乎看到自己已经拥有了那100万美元。

第二天，我早早起床，走进浴室，将布道词读了一遍，然后跪在地上，希望它能引起某个人的注意，使其愿意资助钱款。

当我开始祈祷时，我再次感到信心满满，感觉那笔钱即将到来。由于内心兴奋难抑，我忘记带布道词就出门了，直到我走上讲坛准备开始布道时才发现。

现在回去取已经太迟，而这竟然变成一件幸事！我的潜意识为我提供了演讲所需的材料。当我站起身开始布道时，我闭上眼睛，投入了全部身心来描述我的梦想。我不仅在对听众说话，我还想象自己在对上帝说话。我告诉他们，如果得到100万美元，我会如何处置这笔钱。我描述了我脑中的计划：组建一家优秀的教育机构，让年轻人可以在学习知识的同时掌握实践能力。

当我讲完话坐下时，一个男人缓缓地从大概倒数第三排的座位上站起来，走到讲台前。我不知道他打算做什么。他走上讲台，伸开双臂，说道："神父，我喜欢你的布道。我相信如果有100万美元，你一定会实现你的诺言。为了表达我对你和你的布道的信任，如果你愿意明天早上到我办公室来，我将给你那笔钱。我的名字是菲利普·D.阿芒。"

年轻的冈萨雷斯来到阿芒先生的办公室，拿到了100万美元。他用这笔钱成立了阿芒技术学院（也就是现在的伊利诺伊理工学院）。

大多数牧师一辈子也没见过这么多钱。创造这笔钱的，只是年轻牧师脑中某一瞬间的思想冲动。一个构想带来了所需的100万美元。而支撑这个构想的，是两年来一直萦绕于年轻的冈萨雷斯心头的那个欲望。

请留意这个重要的事实：在他下定决心，并制订了明确计划之后，不到36小时，他就得到了这笔钱。

年轻的冈萨雷斯对100万美元抱持着模糊的想法和渺茫的希望，这并无任何稀奇之处，在他之前和之后的很多人都是这样的。特别之处在于，他在那个难忘的周六晚上作了一个决定——将模糊的想法清晰化。他斩钉截铁地说："我要在一周内得到100万美元！"

那个帮助冈萨雷斯博士得到100万美元的秘诀依然存在，并可以为你所用！这个万能秘诀不仅在那时帮助年轻牧师成功地实现了目标，在今天也依然有效。本书会一步一步地为你解析这个秘诀的13个要素，并为你提供使用建议。

构想没有一个一致的价格。构想创建者会亮出自己的价码，如果他足够聪明，就能得到理想的价格。

电影产业成就了一大批百万富翁。他们中的多数人自己不会创建构想，但是当好的构想出现之时，他们能凭借想象力找到它。

几乎每一个致富故事，都是从构想创建者与构想销售者的默契合作开始的。卡耐基身边有许多能做他不能做之事的人，比如能创建构想的人、能实现构想的人。通过合作，他与这些人都获得了可观的财富。

许多人一生都在寻求好运气。也许运气能为你带来机会，但最保险的做法还是别依赖运气。我曾因为一次好运而得到了人生中最宝贵的机会，但是，我还须要投入 25 年坚持不懈的努力，才能将此运气转化为资产。

这次好运让我有幸认识安德鲁·卡耐基并获得与其合作的机会。通过那次合作，卡耐基在我心中植下一个构想，让我将各项成功法则重新整理为一套成功理论。这 25 年的研究成果已经使成千上万人获益，他们通过运用这套理论，积累起数不清的财富。而这一切都始于一个简单的构想，任何人都可以创建这样的构想。

当卡耐基先生第一次把这个构想植入我大脑中时，我对它细心呵护并循循善诱，使其一直在我大脑中保持活力。慢慢地，这个构想成长为参天大树，并运用其自身的力量转而对我进行呵护与引导。构想都是这样的。一开始你赋予它们生命、行动与指引，接着，它们会借助自身的力量扫清一切障碍。

第六部分　精心计划：变欲望为行动

如果财富最终到来，那么一定是因为一个人对其有明确的需求，并采用了明确的方法，而不是因为运气。

你已经明白，人们创造或得到的有价值的东西，很多最初是以欲望的形式产生的。欲望在想象力的工厂里经历了从抽象到具体的变化，也正是在这里，人们创造与整理出了实现欲望的计划。

第一部分教你采取6个明确的、实用的步骤，把欲望转化为金钱等价物。其中一个步骤，就是让你制订一个或几个明确的、可行的计划，来实现这种转化。

现在我们教你如何制订可行的计划。

1. 依据你的需要，与尽可能多的人才合作，以执行你积累财富的计划。（要做到这一点，你得用到第九部分的智囊团法则。这条指示非常重要，千万不可忽视它。）

2. 在召集你的智囊团之前，想清楚你有什么优势，作为与你合作的回报，能为他们提供什么利益。没人愿意在无报酬的情况下无限期地付出。也没有一个聪明人会要求或期待他人在无报酬的情况下为自己工作，尽管他不一定要以金钱的形式付出报酬。

3. 每周安排与你的智囊团成员至少见两次面，或更多次（如果条件允许的话），直到你与他们一起将积累财富的必要计划修改完善。

4. 与智囊团的成员保持良好的关系。如果做不到这一点，你可能会遭遇失败。维持不了和谐的关系，就无法运用智囊团法则。请记住以下两个事实。

你正在从事一项对你来说非常重要的工作，为了确保成功，你必须制订出完美无缺的计划。

你必须借助他人的经验、知识、天赋与想象力。每一个成功获得财富的人都采用过类似的方法。

没有任何人可以不依靠与他人的合作，就获得致富所需的所有经验、知识、天赋与才干。在努力朝着积累财富的目标前进时，你采用的每一个计划都应该是与你的智囊团成员共同创造的。你可以自己起草出整个或部分计划，但要保证你的智囊团成员们检查并认可了这份计划。

如果你采用的第一份计划未能成功，请用一份新计划来替换。如果新计划也失败了，就再换一个，直到你找到一个有效的计划。而绝大多数人失败的原因就在于，他们在遭遇失败时，缺乏不断创造新计划的毅力。

再聪明的人，如果没有制订出可行的、实用的计划，也无法致富，或在任何工作中取得成功。请牢记这个真理。也请同时记住，当计划失败时，暂时的挫折不等于永久的失败。这只能说明你的计划不够合理。你还可以制订出其他计划，从头再来一遍。

托马斯·A.爱迪生失败了上万次，才发明出完美的白炽灯泡。也就是说，他遭遇了上万次暂时性挫折，才最终用努力换来成功。

暂时性挫折只能说明一个确定的事实：你的计划有缺陷。许多人一生穷困不幸，只因为缺乏一个致富的合理计划。

亨利·福特之所以获得大笔财富，并不是因为他智力超群，而是因为他采用了一个合理有效的计划。我们可以找出一千个拥有更高学历的人，他们之所以过着贫困的生活，是因为他们没有制订出致富的正确计划。

没有合理的计划，就没有伟大的成就。尽管看起来这是个明摆着的事实，但确实有道理。没有人会永远遭遇失败，除非他在心里早已放弃。

这个事实会被一次次地验证，因为当我们初次遭遇挫折时，我们很容易就认输了。

当詹姆斯·杰罗姆·希尔[1]为修建一条连通东西部的铁路而第一次努力筹款时，他遭遇了暂时性挫折，但他很快制订出新的计划，将挫折转变为胜利。

亨利·福特不只在汽车事业发展之初遇到过挫折，在即将达到事业巅峰时，他也遭遇了暂时的挫折。但他制订出了新计划，继续在致富之路上大步向前。

看到那些成功致富的人士时，我们往往只注意到他们的胜利果实，而忽视了他们在取得胜利之前必须克服的那些挫折。

没有人可以期盼自己不经历挫折就获得财富。当挫折来临时，把它看成一个证明你的计划不够完善的信号，重新修改计划，然后向着你的梦想再次扬帆起航。如果在达到目标之前就放弃了努力，你就是一个逃兵。一个逃兵永远不可能获胜，一个胜者永远不会放弃。把这句话摘录出来，用大字写在一张纸上，放在你每晚睡觉前和每天早上上班前可以看到的地方。

---

1 詹姆斯·杰罗姆·希尔（1838—1916），加拿大裔美国铁路建筑家、金融家。——译者注

当你挑选智囊团成员时，尽量挑选那些能够轻松应对挫折的人。

通过本书所阐述的原则，我们可以把欲望转变为金钱，所以欲望才是产生金钱的媒介。金钱本身是一种惰性的物质。它不能移动，不会思考，也不会说话。但是，它可以"听见"一个人的欲望召唤它的声音！

为出售个人服务而制订计划

本部分余下的部分将用来说明推销个人服务的方式和方法。这里传递的信息将为那些以各种形式推销个人服务的人提供实际的帮助,而对那些渴望成为领导者的人来说,这个信息也是无价之宝。

无论想在哪一个行业获得财富,巧妙的规划都是不可缺少的。下面就为那些必须依靠推销服务来致富的人提供几个详细的方法。

你也许乐于知道,几乎所有巨额财富,最初都是通过提供个人服务或出售构想来换取酬劳的方式积累起来的。对一个没有财产的人来说,除了个人服务与构想之外,他还可以拿出什么来兑换财富呢?

总的说来,世界上有两种人:一种被称为领导者,而另一种是跟随者。一开始就决定好,你想成为行业里的领导者,还是一直保持跟随者的角色。这两者所获的回报天差地别。跟随者不可能得到领导者的报酬,虽然有不少人抱持着这样的错误期待。

做跟随者并不可耻,但也得不到什么荣誉。大多数优秀的领导者都是从跟随者做起的。他们之所以成为优秀的领导者,是因为他们是智慧的跟随者。如果一个人不懂得如何有效地追随领导，他就无法成为有力的领导者，几乎无一例外。而那些能够有效追随领导的人，通常会快速成长为领导者。做一个智慧的跟随者有许多优势，比如可以得到从领导那里学习知识的机会。

11条领导者的特质

下面列出一个领导者需要具备的重要特质。

1. 基于对自身及所从事职业的认识而产生的绝不动摇的勇气。没有人愿意接受一个缺乏自信和勇气的领导人的管理。任何一个智慧的跟随者都不甘于长期被这样的领导者支配。

2. 自控力。缺乏自控力的人永远控制不了他人。领导者的自控力是跟随者的有力榜样，聪明的人会努力效仿。

3. 强烈的正义感。如果没有一颗公平与正义之心，任何一个领导者都无法指挥追随者，并得到他们的尊重。

4. 能作出果断的决策。一个人若举棋不定、左右摇摆，说明他对自己没有信心，便也无法成功地领导他人。

5. 有明确的计划。成功的领导者必须为工作制订计划，并遵照计划行动。那些依靠猜测来行动，没有实用、明确计划的领导者，就好比一艘没有舵的船，迟早会触礁。

6. 习惯付出多于索取。领导者要愿意牺牲，必须付出比他的下属们更多的努力。

7. 随和的个性。懒散、粗心的人成不了优秀的领导者。领导者须要得到尊重。跟随者们不会尊敬一个不注重培养"随和个性"的领导者。

8. 同情与理解。成功的领导者必须对他的下属保持同理心。同时，领导者必须体谅下属，理解他们的问题。

9. 掌控细节。成功的领导者须要掌控工作中的所有细节。

10. 愿意承担全部责任。成功的领导者必须愿意为下属的错误和缺陷承担责任。若他们一心想推卸责任，那么他们的领导地位也难以保住。如果他们的下属犯了错，表现出能力的不足，领导者应该把这看成自己的失误。

11. 合作精神。成功的领导者应该明白并运用团队合作的原则，同时能够引导他的追随者也这样做。领导者需要权力，而权力得通过合作来稳固。

领导方式分为两种：第一种方式，也是最有效的一种，是得到下属的认同和理解；第二种是不依靠下属的认可和理解，只依靠强权。

历史上的众多事例告诉我们，强权领导不会持久。独裁者及帝王的没落与毁灭是明显例证。

这个世界迈入了一个新时期，领导者和跟随者的关系被重新定义。这个新时期要求商界和工业界出现新的领导者和新的领导方式。那些用旧方式进行强权统治的领导者必须学会新的领导方式（与人合作），否则就会被降级为跟随者。他们没有其他选择。

未来，雇主和雇员之间的关系，或者说领导者和跟随者的关系，将会是一种建立在公平划分利益基础上的共同协作关系。今后，雇主和雇员更倾向于建立合作伙伴的关系。拿破仑、威廉二世、俄国沙皇[1]、西班牙国王[2]等人，都是强权统治的代表人物。他们的统治方式已经过时了。不难发现，那些与他们相似的美国商界、金融界和劳工界的领导者，都已被赶下台。

人们也许会暂时顺从强权领导者，但他们并非心甘情愿。

新的领导者要具备本部分所描述的11条领导者的特质。把这些特质当作自己领导基础的人，在任何一个行业都能得到更多机会。我们所处的这个大萧条时期之所以无休无止，就是因为世界缺乏新的领导者。如今，那些懂得运用新型领导方式的领导者早已供不应求。一些旧式领导者须要做出改变，学会新型领导方式。但总体说来，这个世界须要新的领导人才。

这个需求就是你的机会！

领导失败的10个主要原因

我们现在说一说领导者失败的主要原因，因为你不但得知道该做什么，还得知道不该做什么。

1. 无力驾驭细节。高效的领导方式要求领导者能够掌控细节。真正的领导者从来不会因为"太忙碌"而无暇顾及他们工作范畴之内的事情。无论是领导者还是跟随者，当一个人宣称自己因为太忙碌而无法改变计划或处理紧急情况的时候，他们其实在承认自己做事低效。成功的领导

---

[1] 当指彼得一世。——译者注

[2] 当指腓力二世。——译者注

者一定能把控好所有与工作相关的细节。当然，这也就意味着他们必须养成把细节工作交付给得力干将的习惯。

2. 不愿意从事卑微的工作。真正优秀的领导者会应情势所需，自愿做他们要求下属去做的任何工作。"最伟大的领导者是人民的公仆"，这是任何一个能干的领导者都会注意并遵循的真理。

3. 期望靠知识获取报酬，而不是依靠对知识的运用。这个世界不会因为你掌握了什么知识就给你回报。它会回报那些有所作为并说服他人一起有作为的人。

4. 害怕下属与自己竞争。如果领导者害怕自己的某个下属会抢占自己的位置，那么他迟早会看见这种恐惧成真。能干的领导者会自愿培训那些将委以重任的下属，将自己的工作细节告诉他们。只有这样，领导者才可能让自己更加强大，兼顾多项工作。懂得分权给他人的人要比事必躬亲的人得到更多报酬，这是一个永远不变的事实。高效的领导者会利用自己的专业知识与个人魅力来提高周围人的工作效率，并促使他们在领导的帮助下提供更多更优质的服务。

5. 缺乏想象力。如果没有想象力，领导者就无法应对紧急问题，也无法制订出有效计划。

6. 自私。那些喜欢将下属的工作成绩据为己有的领导者必定招人怨恨。伟大的领导者不抢功劳。他们会乐意看到下属得到荣誉（如果有的话），因为他们知道，比起纯粹给予金钱，大多数人更愿意为得到荣誉和认可而努力工作。

7. 放纵无度。跟随者不会尊重一个自我放纵的领导。同时，任何形式的放纵都会让人失去耐力与活力。

8. 不忠。这一点或许应该被列在首条。那些无论对公司还是对同事（上级或是下属）都不忠实的领导者，无法长久地保住自己的领导地位。不忠的人比地上的尘土还要卑贱，注定招致他人的鄙视。无论哪个行业，缺乏忠诚度都是失败的一个主要因素。

9. 过分强调领导的威严。优秀的领导者会通过鼓励下属的方式来领导，而不是树立自己的威严。对下属强调自己"权威"的领导方式也是一种强权领导。真正的领导者无须刻意强调自己的权力，他们用实际行动来建立威严，包括他们的同理心、公平和专业知识。

10. 过分强调头衔。能干的领导者不须要依靠头衔来赢得下属的尊敬。过分强调头衔的人通常没有其他可以炫耀的资本。优秀领导者的办公室欢迎任何人的拜访，而他们的办公场所也不讲究形式与排场。

这些都是常见的领导者失败的原因。其中的任意一项都足以导致事业落败。如果你有意成为一名领导者，请认真研读这份清单，确保你不会犯这些错误。

在结束这个话题之前，我们想让你把目光转向一些目前领导者紧缺的领域，在这些地方，新型领导者会找到更多机遇。

1. 政治领域一直都需要新型领导者，而且这种需求非常急迫。

2. 银行业正在经历一场变革。这个行业的领导者已经看到了变革的必要性，并开始了这场变革。

3. 产业界需要新型领导者。旧式领导者从自身利益的角度思考问题并采取行动，而不是从平等的角度。未来产业界的领导者若想做得长久，必须把自己看成公共事业的领导人，他们的职责是以不损害个人或团体的利益为前提来管理公司。对劳工的剥削已经是过去的事了。所有渴望在商界、产业界和劳工界成为领导者的人都请记住这一点。

4. 法律、医学和教育界会需要新型的领导方式，一定程度上还需要新型领导者，尤其在教育界。这个领域的未来领导者必须找到合适的方式，教导人们如何运用他们在学校里学到的知识。教育者必须更注重实践，而不是理论。

5. 新闻界也需要新型领导者。未来的报社若想成功经营，必须告别"特权"，并且不再依赖于广告赞助。它们不能再做广告赞助商的宣传工具。

新型领导者和新型领导方式在一些领域中有着大好的机遇。这里只列举出其中几个。世界正经历着飞速的变化。这意味着改变了人们生活习惯的媒介也必须顺应这一变化。比起其他因素，这里所说的"媒介"更能决定人类文明的发展趋势。

接下来我们要探讨的话题，是何时及如何申请一个职位，这是多年经验的结晶，成千上万的人凭借它成功地推销出自己的服务。因此，你可以信赖这些合理又实用的建议。

经验表明，以下媒介以最直接、最有效的方式，将个人服务的买家与卖家联系在一起。

1. 职业介绍所。你必须谨慎选择口碑良好的职业介绍所，它的管理人员可以拿出大量令人满意的成功记录。但优秀的职业介绍所相对较少。

2. 在报纸、商业刊物与杂志上刊登广告。对那些寻找文秘和普通薪资工作的人来说，分类广告通常会有令人满意的结果。如果寻找管理级别的职位，刊登个人广告是比较理想的做法。广告词须要由专家来撰写，因为他们知道如何设计足够多的卖点来取得回应。

3. 个人求职信。针对那些最需要你提供服务的公司或个人来撰写求职信。求职信要打印得清晰整齐，并手动签上名字。求职信之外，还要附上一份完整的简历，或是申请者的履历表。申请信和介绍经验或履历的简历都应该由专家来准备（参看下文"简历须要提供的信息"）。

4. 通过熟人申请工作。可能的话，申请者应该尽量通过一些共同的朋友来找到未来的雇主。对于那些寻找管理级别的职位却又不愿意"推销"自己的人来说，这种求职方式比较有优势。

5. 毛遂自荐。有时候，如果申请者毛遂自荐，把自己推荐给未来雇主，其效果会更好。这种情况下，申请者要准备一份完整的书面简历，因为未来雇主通常希望与同事就求职者的情况进行讨论。

如何得到渴望的职位

每个人都喜欢做最适合他们的工作。艺术家喜欢使用颜料,手工匠喜欢动手,作家喜欢写作。那些天赋不足的人,会找到自己的兴趣。美国社会运行良好的话,会有广泛的职业选择,从农业、工业到市场营销、贸易等。

以下 7 项指示能帮助你得到理想职位。

1. 明确你渴望从事的职业(把你的想法简要地写下来)。如果暂时没有这样的工作,不妨创造一个。

2. 选择你希望服务的特定公司和个人。

3. 了解你未来公司的政策、人事情况,以及晋升的机会。

4. 通过分析你的天赋和能力,确定你能做什么,再设法将你的优势、服务、个人发展和构想展现出来。

5. 不要去想"这是一份工作"。不要想你是否有机会。不要问"你能给我一份工作吗?"你只须要关注自己能做什么。

6. 一旦脑中有了计划,找一位专业作者和你一起把所有细节都条理清晰地写下来。

7. 把你的计划交给掌权者。每个公司都在寻找可以带来价值的人，无论他们带来的是构想、服务，还是人脉。每个公司都愿意招募能使其获益的、有明确计划的人。

这个过程可能需要几天或是几周，但这小小代价换来的，是收入、晋升空间和认可度方面的巨大差别，这也许能为你免去几年的辛苦工作。这么做有许多好处，而最重要的一点，是你在实现目标的过程中可以省下1到5年的时间。

每一个在晋升途中走了捷径的人，都事先作了精心的计划。

那些为了将来获得最大利益而推销自我的人必须认识到，雇主和雇员之间的关系发生了惊人的变化。

在未来，"黄金法则"将成为决定商品与个人服务营销成败的主导因素。未来雇主与雇员之间的关系将更接近一种合作关系。其中包括：

1. 雇主；
2. 雇员；
3. 他们服务的公众。

这种推销个人服务的新方法之所以"新"，有许多原因。首先，未来的雇主和雇员都会被认为是"雇员"，他们的职责都是为公众提供高效的服务。在过去，雇主和雇员之间会设法与彼此较劲，互相讨价还价，但他们没有考虑到，他们最终影响的是第三方——他们所服务的公众的利益。未来，公众会成为真正的雇主。每一个努力推销个人服务的人都要把这一点谨记于心。

新时期带来了巨大的变化！这是我想强调的一点。时代不同了！而且，这种改变发生在各行各业。

"礼貌"与"服务"是如今的经商者的口号。而对那些推销个人服务的人来说，这个口号尤其适用，因为最终雇主与雇员都受雇于公众，为公众服务。如果他们无法提供完善的服务，就会失去服务的权利。

在大萧条时期，我在宾夕法尼亚州的硬煤区待过几个月，研究煤矿产业衰败的原因。我发现的几个重要事实的其中一项，即经营者与雇员的贪婪，成为最终导致经营者破产与矿工丢掉工作的主要原因。

一群热情高涨的劳工领袖以雇员代表的身份施加压力，加上经营者对利益的贪欲，使硬煤生意逐渐衰败。煤矿经营者与雇员互不让步，而他们讨价还价的结果都加在了煤炭的价格上，最终他们发现自己为燃油设备制造商与原油生产者带来了可观的业务。

"罪恶的代价是死亡！"许多人读到过这句话，但是很少有人真正明白它的意思。这几年，全世界都知道"一个人种下什么，便会收获什么"。

我们经历的这段经济萧条时期影响范围如此之广，不可能"只是个偶然"，它的背后必有原因。任何事情的发生都有原因。而经济萧条的原因可直接追溯到人们想方设法索取而不付出的习惯。

这并不是说这些经济困难时期我们在没有播种的情况下就被迫去收获。真正的问题在于，我们播下了错误的种子。所有农民都知道，他们不可能种下蓟草花，却收获稻谷。很长一段时间里，美国与其他国家的人民种下的服务种子无论在数量还是质量上都是远远不够的。几乎每个人都在幻想着不劳而获。

提出这个话题，是为了引起那些推销个人服务的人的注意，告诉他们，我们今天所处的境地和我们的身份都源于我们自己的行为！如果有一个原则可以控制商业、金融业和交通业，那么这个原则也同样适用于个人，并决定他们的经济地位。

我们已经就如何有效而长久地推销个人服务作了明确的说明。要真正做到这一点，必须对这些方法进行研究分析，进而掌握并应用。每一个人都必须将个人服务"推销"出去。而个人服务的质与量以及服务精神的优劣，都在很大程度上决定了一个人得到的报酬和工作期限。要想有效地推销个人服务（在舒适的工作环境下，有满意的薪资并得到长期雇用），我们必须遵循"QQS"公式，即质量（Quality）、数量（Quantitiy）与适当的合作精神（Spirit of Cooperation），有了这三点，就等于拥有了完美的个人服务推销术。记住这个公式，同时加以运用，把它变成一种习惯！

让我们对此公式作一个分析，确保你能准确把握它的含义。

1. *服务质量*，指的是以高效工作为目标，用最有效的方式去完成你工作中的每个细节。

2.服务数量，应该被理解为在任何情况下提供一切你力所能及的服务的习惯，并以增加服务数量为目标，通过不断实践与积累经验来提高个人技能。这里的重点仍然是"习惯"。

3.服务精神，应该被解释为一种随和的、和谐的行为习惯，它可以促进同事之间的合作。令人满意的服务质量与服务数量无法为你确保一个长久的劳务关系。而你的服务行为或服务精神，是决定你的报酬与工作期限的重要因素。安德鲁·卡耐基谈到推销个人服务的成功因素时，也特别提出了这一点。他反复强调了和谐行为的重要性。他说，如果一个人缺乏和谐共处的服务精神，那么无论这个人的服务质量与服务数量有多令人满意，他都不会被雇用。卡耐基先生一直认为，我们应该做随和的人。为了证明他对这一素质的重视，他帮助许多符合标准的人士获得了财富，而那些不符合标准的人则不得不让出位置。

这强调了随和的个性有多重要，因为它可以让人在良好的精神状态下工作。如果你有随和的个性，并能以和谐友好的态度去提供服务，你在服务质量与数量上的缺陷便可因此得到弥补。所以，随和的行为是不可替代的。

如果一个人完全依靠推销个人服务而获得收入，那么他就和推销商品的商贩没有什么两样，因此，他须要和商贩遵守完全相同的规则。

我们强调这一点是因为绝大多数通过推销个人服务来谋生的人会错误地认为，自己不必遵守那些商品推销员所遵守的行为准则，也不必承担他们的责任。

推销服务的新方式已经让雇主和雇员成了同盟，因为他们都必须考虑第三方——他们所服务的公众的利益。

"索取"的时代已经结束了，取而代之的是一个讲求奉献的时代。

你（通过推销个人服务）赚取的薪资将有可能决定你大脑的真实资本价值。若要对你的服务的资本价值进行一个公正的估算，可以将你的年收入乘以16（或者16.667），因为你的年收入大约等于你的资本价值的六分之一。（金钱无法与人的智慧相比。它的价值通常低得多。）

你聪明的大脑如果能得到有效发掘，它所表现出的资本价值，将超过商品交易所需的价值。因为大脑所代表的资本价值永远不会随着经济萧条而贬值，也不会被偷走或被透支。

30个导致失败的主要原因

我所做的研究和分析证明，失败有30个主要原因，而积累财富有13项原则（或者说13个步骤）。本部分将描述失败的30个主要原因。在你浏览这个清单时，请逐项对比你的情况，以便发现有多少项失败因素在阻碍你获得成功。

1. 先天不足。对于有先天的智力障碍的人来说，他们能做的非常有限。《思考致富》提供了唯一弥补此缺陷的办法，那就是运用智囊团。这是30个失败原因中唯一无法通过个人努力而轻易弥补的缺陷。

2. 缺乏明确的人生目标。一个人没有明确的目标就没有成功的希望。在我分析的这些案例中，至少有98%的人没有明确的目标。也许这就是他们失败的主要原因。

3. 缺乏脱颖而出的抱负。要渴望成为生活的佼佼者，并且愿意为此付出代价。

4. 缺少教育。这是一个相对容易弥补的缺陷。经验证明，最好的教育通常是自我教育。要成为一个有教养的人，单单靠大学学历是不够的。有教养的人懂得在不侵犯他人权益的前提下去实现自己的人生目标。教育并不单指知识，还包括对知识有效且长久地应用。一个人能得到薪资不是因为他掌握的知识，而是他对知识的运用。

5.缺乏自律。人通过自我控制以实现自律。这意味着一个人必须控制所有消极思想。在你能够控制局势之前，首先学会控制自己。自我掌控是最艰巨的一项任务。你如果不战胜自我，就会被自我掌控。站在镜子前，你也许能同时看到自己最好的伙伴和最坏的敌人。

6.身体欠佳。没有好身体，一个人便无法享受杰出成就带来的喜悦。许多造成身体欠佳的因素都是可以被控制的。这些因素包括：

（1）过度摄入不营养或不健康的食物；

（2）错误的思考习惯、消极的态度；

（3）错误地或过度地沉溺于性；

（4）运动不足；

（5）不当的呼吸方式而导致新鲜空气的缺乏。

7.童年受到不良环境的影响。如果树苗是歪的，那么树也可能会长斜。大部分人的犯罪倾向是由童年时期所处的不良环境与错误交友所诱导的。

8.拖延症。这是失败最常见的一个原因。习惯性拖延存在于每一个人内心的阴暗角落，伺机出现，阻碍成功。大多数人一辈子都习惯于等待开始行动的"最佳时机"。不要等待，永远没有一个"最佳时机"。利用你掌握的一切条件，现在就开始行动吧，更好的条件会在你努力的过程中出现的。

9.缺乏毅力。我们大多数人都愿意善始，却难以善终。而且，我们往往在初次遇到挫折时就放弃了努力。没有什么能替代毅力的作用。视毅力为座右铭的人会发现，"失败"这个老朋友最终会因疲惫而退出。失败战胜不了毅力。

10. 消极的个性。那些因为消极的个性而将别人拒之千里的人，是没有成功希望的。成功来自对力量的运用，而力量可以通过与他人的合作获得。消极的个性无法促成合作。

11. 缺乏对性冲动的控制力。由于人类生理与基因上的某些特点，性能量成为所有驱使人类行动的力量中最强大的一种。正因为它是最为强烈的一种情绪，所以我们必须对其加以控制，将其转化为其他能量。（详见第九部分。）

12. 对"不劳而获"的欲望不加控制。人类的投机本能为无数人招致了失败。1929年华尔街大崩盘事件就是一个例子。几百万人想投机股市，最终却惨遭失败。

13. 缺乏决断力。成功人士会果断作出决定，却慢慢地作出改变。失败者作决定很慢，却很快并很容易就改变决定。犹豫不决与拖延症是一对孪生兄弟。一个喜欢犹豫的人也通常爱拖延。趁它们还没彻底将你捆绑在失败的车轮上，赶快驱逐这对顽症！

14. 六种基本恐惧中的一种或多种。在后面的内容里我们会为你分析这几种恐惧。要想成功推销个人服务，你必须先将它们控制住。

15. 选错配偶。这是最常见的一个失败原因。婚姻关系让两个人不得不朝夕相处。如果婚姻关系不和谐，失败就很容易找上门。同时，这种失败表现为不幸与痛苦，并摧毁所有个人抱负。

16. 过度谨慎。不主动争取机会的人通常只能得到别人挑剩下的东西。过度谨慎与谨慎不足同样有害。这两者都是我们须要防备的极端态度。人生本来就充满了各种偶然因素。

17. 选错事业伙伴。这是商界最普遍的一个失败原因。在推销个人服务时，我们须要非常用心地选择一个机智、成功并能够激励下属的雇主。我们通常会努力效仿那些与我们接触最频繁的人，所以须要选择一个值得被效仿的雇主。

18. 迷信和偏见。迷信其实是恐惧的一种形式，也是无知的一种表现。成功人士心胸宽广，毫无畏惧。

19. 选错工作。没有人可以在自己不喜欢的事业中获得成功。推销个人服务最重要的一个步骤，就是选择一个你愿意全身心付出的工作。

20. 不够专注。博而不精的人通常在哪一项上都不够擅长。请将你的所有努力投注到一个明确的目标上。

21. 任意挥霍的习惯。花钱无度的人无法成功，因为他们永远都在害怕贫穷。从今天开始养成存款的习惯，将你每月薪水的一定比例存起来（15%到20%最为理想，但有一些困难；最少也要达到5%）。银行有存款，会让一个人在推销个人服务时有了坚实的勇气。如果没有存款，你只能欣然接受对方提出的任何条件。

22. 缺乏热情。如果一个人没有热情,则无法说服他人。同时,热情是可以被传递的。一个拥有热情并能控制得当的人,会受到任何群体的欢迎。

23. 偏执。思想偏执的人很难取得进步。偏执是指一个人停止获取新知识。它最具危害的形式体现为宗教、种族与政治观点上的偏执。

24. 放纵。最有害的放纵方式是暴饮暴食、酗酒、过度用药与放纵性欲。过分沉溺于其中的任何一种,都是阻碍成功的致命因素。

25. 不善合作。越来越多的人失去工作,错过人生的重大机会,都是由于不善与他人合作(而非其他原因)。这个缺陷是任何明智的商界人士或领导者都无法接受的。

26. 不经努力便得到权力。比如富有家庭的子女和那些财产继承者,他们的财富都不是自己赚来的。不通过一点一滴地积累就得到权力,往往是阻碍成功的致命因素。轻易得到的财富,比贫穷更危险。

27. 蓄意不诚信。诚信是一种不可替代的品质。一个人也许迫于他无力控制的形势,暂时做出不诚信的行为,并没有造成长久的危害。而那些有意选择不诚信的人,则无药可救。他们的行为迟早会让他们付出代价,失去信誉,甚至失去自由。

28. 妄自尊大与虚荣。这两个特质就好比亮起的警示灯,会让其他人避之不及。它们是阻碍成功的致命因素。

29. 猜测而不思考。很多人由于冷漠或懒惰，不去获取可以帮助自己正确思考的信息。他们更喜欢依赖那些通过猜测或快速判断而得来的"看法"。

30. 缺少资金。这个问题经常发生在那些初次尝试经商的人身上，他们因为自身错误而遭遇挫折，却没有足够资金来承受失败的打击，无法渡过难关，坚持到建立起良好声誉的那一天。

我们在这30条失败原因中看到了关于人生悲剧的描述，那些奋斗过又失败过的人往往深有体会。如果你能找到一个朋友与你一起浏览这份清单，帮助你比照这30条失败原因作一个自我分析，那就再好不过了。若你独自来做，不一定会管用。大多数人不会从别人的角度来评价自己。你也许正是这样的人。

古话说："知己知彼，百战不殆。"如果想成功地卖出一件商品，你必须首先了解这件产品。推销个人服务也是如此。你要了解自己的所有缺陷，才能要么弥补它们，要么彻底改正。你也应该了解自己的优点，才能在推销自己的时候将它们凸显出来。只有通过准确地分析，你才能真正了解自己。

一个年轻人在向一家知名公司的经理应聘工作时，表现出了缺乏自我认知的愚蠢一面。他一开始给这个经理留下了不错的印象，直到经理询问起他的理想工资。他回答说心里没有一个具体的数额（缺乏明确目标）。于是经理说："我们先试用你一周，再根据你的价值开出工资。"

"我不接受，"这个应聘者回答，"因为我要得到比目前公司更多的薪水。"

在你准备提出加薪要求或另谋高就之前，请确定你的价值超过你目前的收入。

想得到金钱是一回事——每个人都想赚更多钱，但你是否值这么多钱，则完全是另一回事！许多人错误地认为，因为他们有欲望，他们就应该得到。你对金钱的要求或欲望与你的价值没有直接关系。你的价值完全取决于你提供有用服务的能力，或是你激励他人提供服务的能力。

作一个自我分析

就像对商品做年度盘点一样,想要有效地推销个人服务,有必要作一个年度自我分析。而且,每年的自我分析应该反映缺点的减少与优点的增加,以及一个人在生活中是进步、停留在原地,还是退步了。我们的目标当然是不断进步。年度自我分析应该反映一个人是否取得进步,如果有,进步有多大。它也应该体现出是否有退步。想要有效地推销个人服务,一个人须要不断朝前发展,即便发展速度不快。

你的年度个人分析应该在一年结束之前做好,这样就可以根据分析表中显现出的问题,在新的年度计划中列出改进计划。作自我分析的时候,问自己以下这些问题,在他人的帮助下审核答案,以确保你不会自欺欺人,给出不准确的答案。

自我分析测试题

1. 我是否已经实现了我为自己设定的年度目标?(你应该设定一个明确的年度目标,作为你人生目标的一部分。)

2. 我是否提供了力所能及的最佳服务,或者,我是否可以对该服务做任何改进?

3. 我是否提供了力所能及的最多服务?

4. 我在工作中是否一直本着和谐与合作的精神?

5. 我是否因为拖延症而降低了工作效率，如果有，影响有多严重？

6. 我是否在个性方面做了改进，如果有，我是如何改进的？

7. 我是否坚持不懈地执行计划，直至彻底完成？

8. 我是否在任何情况下都快速而果断地作决策？

9. 我是否让六种恐惧中的一种或多种降低了工作效率？

10. 我是否有过度谨慎或谨慎不足的问题？

11. 我和同事的相处是否和谐愉悦？如果相处不快，我该承担部分责任还是全部责任？

12. 我是否挥霍了自己的精力而没有专注于一处？

13. 我是否以宽广的胸襟与包容的态度来处理所有问题？

14. 我以何种方式提高了自己的工作能力？

15. 我是否过度放纵了某种习惯？

16. 我是否公开或私下表现出妄自尊大的态度？

17. 我对同事的言行是否能够赢得他们的尊重？

18. 我的观点和决定是基于猜测还是基于思考与分析？

19. 我是否养成了给自己的时间、开销和收入做预算的习惯？我是否在这些方面太过保守？

20. 有多少时间被我浪费在没有意义的努力上，没能得到更好的利用？

21. 我该如何重新安排我的时间，改变我的习惯，让我在未来一年更有效率？

22. 我是否因为任何有违良知的行为而感到内疚？

23. 我在哪些方面提供了超过所得报酬的更多更好的服务？

24. 我是否对人不公，如果有，体现在哪一方面？

25. 如果过去的一年中我是自己服务的对象，我是否对此服务感到满意？

26. 我是否选对了职业，如果不是，为什么？

27. 我的服务对象是否满意我提供的服务，如果不满意，为什么？

28. 根据成功的基本法则来评估，我可以得到什么评价？（公正坦诚地做一个评估，并请一个敢于纠错的人来进行核对。）

阅读并了解了本部分的内容后，你现在可以开始制订一个推销个人服务的实用计划了。在这一部分中，我详细介绍了制订个人推销计划的几项重要原则、领导者须具备的主要素质、失败的几个主要原因，我们还介绍了能为领导人才提供机会的领域，以及作自我分析要对自己提出的一些重要问题。

之所以提供这些详尽、准确的衍生信息，是因为那些必须通过推销个人服务来积累财富的人须要了解它们。那些失去工作与财富的人，以及那些刚刚开始赚钱的人，往往没有更多的出路，只有通过提供个人服务来换取财富。因此，他们需要这些实用的信息来发挥自己的最大优势。

本部分包含的内容对于那些渴望在某一行业中成为领导者的人来说具有很高的价值。尤其对于一些打算成为商界或工业界领导者的人来说，本部分非常有帮助。

完全了解和掌握本部分内容，将有助于你推销个人服务，同时可以让你提高分析与评价他人的能力。这些信息对于所有负责甄选雇员并保持团队工作效率的人事主管、监管者与行政人员来说，都具有不可估量的价值。如果你对此存疑，请写下28条自我分析问题的答案，来测试它的可信度。即使你对此并无异议，回答这些问题也是有趣并有益的过程。

如何寻找致富机会

我们已经分析了13条致富法则的前6条，你很可能会问："该去哪里寻找机会，并运用这些法则呢？"那么我们就来看看，我们的国家为这些寻求或大或小的致富机会的人都提供了什么。

首先，请记得，在我们居住的国家里，每个守法公民都可以享受到自由权利。

由于我们的国家是一个将如此广泛并多样的自由权利赋予每个公民的国家（无论你出生于此还是后来加入了这个国家），这使得该权利格外引人注目。

接下来，让我们再来算一下，如此广泛的自由给我们带来了哪些福利。以普通家庭（普通收入的家庭）为例，清点一下在这个充满机遇的国度里，每个家庭成员能享受的各种福利。

1.食物

排在思想和行为自由之后的，是食物、住房和衣服这三大生活必需品。

由于我们享有的普遍自由，我们在家门口就能购买到来自世界各地的品种繁多的食物，且价格不超过家庭的消费能力。

一个居住在美国中小型城市的四口之家，虽然远离食物的生产地，但当他们对一顿简单早餐的成本进行计算之后，惊奇地得出以下结论。

食物品种	早餐桌上的开销[1]（美元）
橙汁（来自佛罗里达州）	0.56
燕麦（来自堪萨斯州农场）	0.44
茶叶（来自中国）	0.2
香蕉（来自南美）	0.28
烤面包（来自堪萨斯州农场的小麦）	0.19
新鲜鸡蛋（来自当地农场）	0.18
糖（来自得克萨斯州或犹他州）	0.01
人造黄油（来自伊利诺伊州）	0.16
牛奶（来自当地乳品厂）	0.74
合计：	2.76

当一个四口之家人均花费69美分就能享用到他们需要的所有早餐食物时，可以说，在这个国家获取食物是一件轻松的事情！请注意，这顿简单早餐的食材是通过某些神奇的力量，从中国、南美及美国的犹他州、堪萨斯州和伊利诺伊州采集，并运送到各个城市供人消费的，其价格连工人都能负担得起。而且这个价格已经包含了所有国家、州和城市的税收！

---

[1] 以当时的价格来标注。——译者注

2. 住房

这个家庭住在一套舒适的公寓里，有天然气供热，有电力照明，还有燃气用于烹饪，这些的总花费在 800 美元每月。在更小一些的城市里，一个相同的公寓的总花费可以低至 685 美元每月。

他们早餐吃的吐司面包是用电吐司机烤制的，该设备的价格为 15 美元。他们用一台电吸尘器来打扫公寓，厨房与浴室常年有冷热水供应。食物被保存在电冰箱内。妻子使用操作简单的电器来烫发、洗衣与烘干衣物，将电器插头插入墙面插座即可取电。丈夫用电剃须刀来刮胡子。他们可以收看来自世界各地的娱乐节目，如果他们愿意，可以 24 小时免费观看，只须旋转电视或收音机的旋钮。在这套公寓里，还有其他一些便利设备。

3. 衣服

在这个国家的任何一个地方，拥有普通穿衣需求的女性都能以每年 1500 美元的花费穿得非常舒适整洁，而普通男性的花销则相同或更少。

我们只对食物、衣服和住房这三大生活必需品作了一个分析。普通美国公民只须付出很少的代价（每天不超过 8 小时的工作量）就能换得更多的权利。其中，所需代价较少的是可以自由出行的交通权。

国民拥有财产保护权。他们可以把多余的钱存进由国家担保的银行里，如果银行破产，国家会赔偿他们的损失。人们不需要护照或任何人的批准，就可以从一个州旅行到另一个州，也可以随心所欲地离开或返回。同时，只要他们支付得起，就可以选择乘坐私人汽车、飞机、公共汽车、火车或轮船出行。

我们经常听到政客们在拉票时赞颂美国的自由权利，但他们很少肯付出时间和精力来分析这种自由来自何处。我有幸对这个神秘无形的、被极大误解了的"东西"进行了客观的分析，它给每个人带来了更多福祉、更多积累财富的机会，以及存在于其他国家的各种形式的自由权利。我作此分析不是为了泄愤，也不是为了任何隐秘的个人动机。

我有权来分析这股看不见的力量的来源与本质，因为我认识许多组织并维持这种力量的人士，而我与他们相识已有二十多年。

这个为人类带来福祉的神秘力量就是资本！

资本不仅指金钱，还包括那些有组织的、有智慧的团体，这些团体为了大众和自身的利益，制订各种有效使用金钱的方式和方法。

这些团体中有科学家、教育家、发明家、商业分析师、广告业主管、运输专家、会计师、律师、医生，以及工业界和商界各个领域的专业人才。他们开拓、尝试，努力在新的领域杀出一条血路。他们资助医院、公立学校，他们修建公路、出版报纸、经营电视台和电台，支付政府运作的费用，扶助人类进步必不可少的各项重要项目。

缺乏智慧的金钱总是危险的。但若使用得当，它便会是文明社会最重要的组成部分。若非将资本有组织地投资于机械、轮船、铁路、卡车，并培训出大批工人对其进行操作，上文所描述的简单早餐是不可能以69美分每人的价格被摆上四口之家的餐桌的。

你不妨试着想象自己在没有资本的情况下，负责采购那顿简单早餐，并把它运送给那个家庭，你就能稍稍明白组织资本的重要性了。

要喝一杯茶，你须要到中国或印度去，这两个国家都距离美国万里之遥。除非你的游泳技术非常出色，否则还没等到返程，你就已疲惫不堪。而且，你还会面临一个问题，即使你有体力游过太平洋，但你要用什么货币来支付呢？

为了供应糖，你须要再次长途旅行到犹他州的甜菜种植区，或是得克萨斯州和路易斯安那州。但即使到了那儿，你可能也带不回糖，因为你须要组织劳力和资本来生产糖，更不用说精炼、运输，并把它送到美国每个家庭的餐桌上所需的劳力和财力了。

你可以轻松地从离城市不远的郊区小农场买到鸡蛋，但为了喝到4杯橙汁，你得长途跋涉到佛罗里达州。为了吃4片小麦面包，你还得远赴堪萨斯州或其他某个种植小麦的地区。

你不得不从菜单中划去早餐燕麦，因为只有受过培训的工人与合适的机器才能把它制作出来，而这一切都需要资本。

在你休息时，不妨再游一趟，这次去南美洲。在那里，你可以采摘几根香蕉，返回时，你可以到最近的农场吃一些乳制品，带回一些牛奶（也许再带一些黄油，因为人造黄油和燕麦一样，它的生产需要资本的保障）。现在，你和家人可以坐下来享用早餐了，而你可以因付出的劳力得到67美分！

这听起来很荒谬，不是吗？然而，以上描述的整个过程是将一顿简单早餐送到市中心的家庭餐桌上的唯一方法——如果没有资本体系的话。

递送一份简单早餐的开销巨大，超出你的想象，其中包括建造房屋的费用，经营铁路、轮船和货运线的费用。这就达到了几十亿美元，更别提雇用受过培训的工人来操作轮船、货车与火车的费用。但是，交通只是现代文明中的一个必备部分，在使用交通工具之前，作物须要被种植、生产、加工，再被推向市场。又有几十亿美元被花费在设备、机器、包装、营销和几百万工人的工资上。

轮船、火车、飞机与货车的运输网络不是凭空出现、自动运转的。它们是文明的产物，是由一些拥有想象力、信心、热情、决断力与毅力的人凭借着自己的劳动、智慧与组织能力建造出来的！

我写这本书的目的，是将知识与可靠的真理提供给那些渴望凭借它们实现致富欲望的人，无论他们的理想数额是多少。为了这个目的，我已诚心地奉献了二十余年。

合法致富的可靠途径只有一条，那就是提供有用的服务。仅仅通过人数优势或者不付出某种形式的等价物就能合法地获取财富的体制还不存在。

有一条法则叫"经济规律"。它是人类不可逾越的法则。请认真记下它的名字，因为它比所有政客和政治机构的权力都更大。它不受任何特殊利益集团和劳工联盟的控制。它不受任何从事非法勾当的人与各行各业里自以为是的领导者的支配、影响或贿赂。而且，它有一双"全视之眼"，还有一套完美的记录系统，准确记录着每个人不劳而获的行为。迟早有一天，它的审计员会发现端倪，仔细检查每个人的账目，并要求作出解释。

我们的国家为所有诚信者提供了致富的自由和机会。如果一个人去狩猎，他会选择一个猎物多的区域。自然，寻求财富也是这样。

如果你在寻找财富，请别错过一个人民如此富有的国家，他们每年花费290亿美元在美发、美甲和皮肤护理上。你们这些财富狩猎者，请在忽视一个国家之前思考再三，这里的人民每年花费250亿美元在报纸上，310亿美元在书上，140亿美元在唱片上，大约540亿美元在动画上，这一切都说明财富的力量。

请务必考虑这个国家，因为这里的人每年的快餐消费超过1150亿美元，酒吧消费超过133亿美元。

千万不要急于离开这个国家，因为人们愿意甚至渴望每年消费340亿美元在玩具上，380亿美元用于打理草坪和花园，740亿美元购买体育用品。而且，请务必要留在这个国家，这里的居民一年消费超过910亿美元购买家具和用于家庭装潢，1670亿美元在服装和饰品上，220亿美元用于洗衣和干洗服务，870亿美元在电器和电子产品上，还有大约140亿美元用于丧葬。

同时请记住，这些只是你能获得的致富资源的一个开端。这里提到的，只是一小部分奢侈品和非必需品。而生产、运输、推销这些商品的生意，就能为几百万人提供工作。他们用服务换来了每个月几十亿美元的报酬，然后可以自由地将其花费在奢侈品和生活必需品上。

请特别记住，这些商品交易和个人服务的背后，是致富的机会。没有什么可以阻止你或任何人参与这些事业并为之努力。如果你有过人的天分，受过培训且经验丰富，你就有可能积累大量财富。如果没这么幸运，也可以积累少量财富。任何人都可以凭借微薄之力换取这个世界上的生存机会。

所以，机会就在眼前！

机遇已经充分展现在你面前，你只须向前走一步，选择你的目标，制订你的计划，将计划付诸实践，再凭借毅力坚持下去。

经济法则既不认可，也不会长期容忍不劳而获。经济法则是符合自然规律的法则。违反经济法则的人无从上诉。这条法则给遵守它的人以适当的嘉奖，给违背它的人以相应惩罚，任何人都不可予以干涉。这条法则无法被撤销，它就像天空中的星辰一样固定不变。

人们有时会哄抬薪资、缩减工时。然而，这不可能持久。当经济法则开始发挥作用时，无论雇主还是雇员都会遭受经济损失。

从1929年到1935年的6年时间里，美国人民，无论贫富，几乎都目睹了所有生意、实业和银行的巨大损失。这一幕太过惨烈！由于群体心理作祟，人们将损失怪罪于运气，并开始期望不劳而获。

经历过这6年的人都很难忘记经济法则是如何向我们索取赔偿的，无论贫富、强弱和长幼。那个时候，恐惧牢牢地盘踞在人们心间，信心不堪一击。

这些经验不是短时间内得出的。这是对全国最成功人士进行了长达25年的细致分析后得出的结论。这些资源丰富、勤勉肯干的聪明人士，无论今天是否还在世，都是美国企业制度与美式生活的真正代表。他们身上的特质帮助这个国家挨过了经济大萧条，并再次繁荣起来。这些特质中的一个便是他们的决断力，而这也正是我们现在要谈到的第7条致富法则。

第七部分　决断力：克服拖延症

拖延症是决断力的对立面，是每一个人都必须战胜的敌人。亨利·福特身上一个最突出的特质就是他能快速果断地作出决策，然后再慢慢地进行修改。

行动胜过语言

我们对几千位有过失败经历的人士作了细致分析，其结果显示，"缺乏决断力"在第六部分所列的 30 个导致失败的主要原因中位居前列。这不仅是理论上的说法，更是事实。

拖延症是决断力的对立面，是每一个人都必须战胜的敌人。

当你读完本书并开始运用书中的法则时，你将有机会测试自己是否具备快速且明确的决断力。

我们分析了几百位累积资产超过百万的人士，分析结果揭示了一个事实，那就是他们每个人都习惯于快速作决定，再根据实际逐步修改决策。而那些积累不到财富的人，无一例外，都有犹豫不决、反复无常的习惯。

亨利·福特身上一个最突出的特质就是他能快速果断地作出决策，然后再慢慢地进行修改。他的这个特质如此显著，为他带来了"顽固"的名声。正是因为这个特质，当他的所有顾问和许多买家都敦促他改变决策时，福特先生仍坚持制造他那著名的 T 型车（世界上最难看的车）。

也许福特先生的改变做得太慢，但事实是，福特先生的坚定决心让他的车型在改动之前就已创造出巨额财富。不可否认，福特先生的坚定决心有一定的顽固成分，但这至少胜过犹豫不决又反复无常的习惯。

大多数无法积累足够财富以满足需求的人，都很容易受到他人观点的左右。他们让报纸和邻居的闲言碎语替代了自己的思考。而观点是这个世界上最廉价的东西。每个人都有成堆的观点想要告诉愿意倾听的人。如果你作决策时容易被他人左右，那么你做任何事都很难成功，更别提把欲望转换为财富了。

因为如果易受他人的影响，你就根本不会形成自己的欲望。

如果你想将本书的法则付诸实践，请作好自己的决策，并坚持执行。除了你的智囊团，不要听信任何人，并且确保只选择那些能完全理解你并与你目标一致的人，为你的智囊团成员。

虽然不是有意为之，但关系密切的亲戚朋友经常用自己的观点或故作幽默的奚落去阻碍你的行动。许多人一生自卑，就是因为一些善意却无知的人用自己的观点和奚落摧毁了他们的信心。

你有自己的头脑，用它来作自己的决定。如果你在很多时候须要通过别人提供的事实或信息来作决策，那么请默默地获取这些事实和信息，不要向他人透露你的目的。

人类的一个特点就是喜欢在一知半解的时候给人留下学富五车的印象。这种人通常说得太多，而倾听得太少。如果想要培养快速决策的习惯，就请你睁大眼睛，竖起耳朵，并且闭上嘴巴。那些话多的人往往做得很少。如果说的比听的多，那么你不仅会剥夺自己收集实用信息的机会，还会将自己的计划和目标泄露给别人，让嫉妒你的人有机会通过打击你来取乐。

同时还要记得，每一次在一个知识渊博的人面前开口，你就等于在向他展示自己所有的或匮乏的知识储备！真正的智慧是通过谦逊沉默而彰显的。

每一个与你打交道的人都在寻找致富的机会。请记住这个事实。如果对自己的计划高谈阔论，也许你会意外发现，由于你不明智地泄露了计划，某个人先你一步将它付诸实践，达到了你未能达成的目标。

所以你首先要下决心闭上嘴巴，同时张开眼睛，竖起耳朵。

如果你能将以下这条警句用大字书写，并放在你每天可见的地方，就能提醒自己去执行这条建议：在告诉世界你打算做什么之前，先完成它。也就是说，行胜于言。

决策所需的勇气

决策的价值取决于作出该决策所需的勇气。那些奠定了文明基础的伟大决策都是冒着巨大风险作出的，有时还意味着死亡。

林肯那篇著名的《解放黑人奴隶宣言》给美国奴隶带来了自由，而他决定发表该讲话时，就已完全明白，他的举动会让自己与成千上万的朋友、支持者为敌。他也知道，实施该宣言将意味着几千名战士的牺牲。最后，他还赔上了自己的性命。决定需要勇气。

苏格拉底宁可喝下毒药，也不在个人信仰上做出妥协，这也是一个勇敢的决定。他将历史进程向前推进了 1000 年，赋予当时尚未出生的后人思想和言论自由的权利。

但就美国人民而言，历史上最伟大的决定是在 1776 年 7 月 4 日的费城作出的，当时有 56 个人将名字签署在一份文件上。他们明白，这份文件可能为全美人民带来自由，也可能使这署名的 56 人被绞死！

你一定听说过这份著名的文件，但你也许还未领悟到，它其实向我们传授了获取个人成就的重要一课。

我们都记得这份历史性的文件被签署的日期，但很少有人意识到作出这个决定需要多大的勇气。我们记住的历史，是书本上的历史；我们记住了日期和那些斗士的名字；我们记住了福吉谷[1]和约克镇[2]；我们记住了乔治·华盛顿和康沃利斯勋爵[3]。但我们对这些名字、日期和地点背后的真正力量知之甚少。而对于早在华盛顿的军队到达约克镇之前，就赋予了我们的那股无形自由的力量，我们也不甚了解。

我们读过美国革命史，错误地认为乔治·华盛顿是我们的国父，认为是他为我们赢得了自由。而事实是，早在康沃利斯将军投降之前，华盛顿的军队就已注定取胜，而华盛顿本人只是其中的一环而已。我并不是要剥夺华盛顿所享有的荣耀，而是要让大家将更多目光投向令他胜利的真正原因——那股令人震惊的力量。

史书的作者丝毫没有提及这股不可抗拒的力量，这不能不算是历史的悲剧。正是该力量创造了这个国家，为它带来自由，让它为全世界树立了独立的新典范。我说"悲剧"是因为，要运用这种力量，每一个人须要去克服人生的困难，付出应有的代价。

让我们简要回顾一下创造了这种力量的历史事件。故事开始于1770年3月5日的波士顿惨案。英国士兵在街上巡逻，以此方式公开恐吓市民。殖民地人民憎恨武装士兵在人群中行进，于是开始公开表达这种不满，他们向巡逻的士兵投掷石头

---

1 华盛顿曾在福吉谷扎营过冬，训练部队，熬过了最艰苦的一个冬天。——译者注

2 1781年，华盛顿率领大陆军把康沃利斯将军所率领的英军围在约克镇，取得约克镇大捷。这次胜利是华盛顿戎马生涯最辉煌的时刻，标志着独立战争中北美战场上战争的结束。——译者注

3 康沃利斯（1738—1805），英国军人、政治家。——译者注

并进行辱骂，直到对方指挥官下令："上刺刀，冲上去！"

冲突爆发了。死伤惨重。这起事件导致群情激愤，以至于州议会（由殖民地的杰出人士组成）召集了一次会议，商讨明确的行动措施。约翰·汉考克[1]与萨缪尔·亚当斯[2]是议会的两名成员（他们的名字永垂不朽），他们大胆发言，认为应该采取行动，将所有英国士兵逐出波士顿。

请记住，这两人作出的这个决策，也许可以被看作美国人民如今享有的自由权利的开端。同时记住，这两人的决策需要信心和勇气，因为这是个危险的决策。

会议结束前，萨缪尔·亚当斯被指派去拜访州长托马斯·哈奇森，向他提出驱逐英国军队的要求。

他的建议得到了批准，军队撤出了波士顿。但该事件还未结束，它所创造的环境将注定改变整个文明社会的走向。你不觉得奇怪吗？像美国革命和第一次世界大战这样巨大的事件，都是从一些不起眼的事件发生的。同样有趣的是，我们发现这些重大事件通常源自少数人的坚定决心。很少有人对历史有足够充分的了解，能够意识到约翰·汉考克、萨缪尔·亚当斯与（弗吉尼亚州的）理查德·亨利·李是真正创造了这个国家的人。

理查德·亨利·李之所以成为这个故事里重要的一环，是因为他与萨缪尔·亚当斯联系频繁，他们在信中毫无保留地交

---

[1] 约翰·汉考克（1737—1793），美国革命家、政治家。——译者注

[2] 萨缪尔·亚当斯（1722—1803），美国革命家、政治家。——译者注

流了对各自州的人民福祉的期望。而这样的交流让亚当斯创建出一个构想，那就是让13个殖民地彼此通信，也许可以促进各州的合作，共同解决他们面临的问题。1772年3月，波士顿惨案两年后，亚当斯将这个构想变成一份动议，建议在各州之间成立一个通信委员会，并指派专人来担任通信员，"为了促进英属美国各殖民地间的友好合作"。他把该动议呈交给了议会。

好好记住这一事件！一个具有广泛力量的组织有了雏形，它将注定为每个美国人带来自由。于是智囊团形成了，由亚当斯、李和汉考克组成。

通信委员会组建起来了。我们注意到，它的成立让来自各州的人士加入智囊团，增强了它的力量。同时，这个过程也第一次把那些不满的殖民地居民有序地组织在了一起。

团结就是力量！各个殖民地的居民一直以类似波士顿惨案的无组织暴动方式与英国军队进行抗争，但没有取得什么有益的成果。他们的个人不满还没有被智囊团会聚起来。还没有一个组织将他们的身体与灵魂联合为一个明确的目标，彻底地解决他们与英国人之间的问题。直到亚当斯、汉考克与李走到了一起。

但此时，英国人也没闲着。他们也在制订计划，组建自己的智囊团。而且他们拥有资金和组织有序的军队。

皇室指派托马斯·盖奇将军接任哈奇森，担任马萨诸塞州的总督。新总督上任后做的第一件事就是派人拜访萨缪尔·亚当斯，试图用威吓的方式阻止他的抗争。

下面引用一段芬顿上校（盖奇将军指派的使者）与亚当斯之间的对话，通过该对话我们可以清楚地了解当时的情形。

芬顿上校："亚当斯先生，我受到盖奇将军的委派，来向您做出保证，总督已被授权为您提供满意的报酬，只要您能停止对政府举措的反抗行动。先生，总督建议您不要再引起陛下的不悦，您的行为已经触犯法案，您将被送到英国，以叛国罪或隐瞒罪接受审判，具体哪种罪责，将由总督自行裁定。不过，如果您可以改变自己的政治路线，不仅能得到很多好处，还可以与国王和平相处。"

萨缪尔·亚当斯的面前有两个选择。他可以接受贿赂、停止反抗，也可以冒着被绞死的风险继续斗争。

显然，亚当斯不得不快速作出一个关系他生死的决定。大多数人都会认为这样的决定很难作出。大多数人都可能给出一个模棱两可的答复。但亚当斯不是这样的人！他坚持要求芬顿上校保证将他的话完完整整地传达给总督。

亚当斯是这样回答的："那么你可以告诉盖奇总督，我相信自己一直以来都与陛下和平共处。没有什么个人利益可以让我抛弃自己国家的正义事业。告诉盖奇总督，萨缪尔·亚当斯建议他不要再侮辱那些已经愤怒的人民的情感。"

亚当斯的人品如何，似乎无须赘述了。任谁读到他这番令人震惊的答复，都能清楚地看到说话人的一片忠心。这一点很重要。

收到亚当斯的答复后，盖奇总督勃然大怒，发布了一则公告，写道："我在此以陛下的名义，向所有愿意放下武器、重新履行和平义务的公民施以最仁慈的宽恕，但萨缪尔·亚当斯与约翰·汉考克的行为卑劣至极，绝不会得到原谅，他们会得到应有的惩罚。"

大家可能会说，亚当斯和汉考克这回大祸临头了。来自愤怒总督的威胁促使他们两人作出另一个同样危险的决定。他们快速召集最忠诚的追随者们进行了一次秘密会议（智囊团在此发挥了作用）。会议准备就绪后，亚当斯锁上大门，把钥匙放进口袋，然后告诉所有与会者，当务之急是成立一个殖民地议会，而在议会的决议通过之前，没有人可以离开这个房间。

他的话引起了一阵骚动。有的人（出于恐惧）开始权衡这种激进做法可能导致的后果。有的人对于如此坚定地反抗英国皇室表达了质疑。锁在这间屋子里的，有两个毫无畏惧的人，他们对可能遭受的失败视而不见。他们就是汉考克和亚当斯。由于他们的影响力，其他人终于同意通过通信委员会来安排第一次大陆会议事宜，它将于1774年9月5日在费城召开。

请记住这个日期。它比1776年7月4日还重要。如果没有召开大陆会议的决定，就不会有《独立宣言》的签署。

在新议会召开第一次会议之前，这个国家另一个地区的领导人正在艰难地出版《英属美洲民权概观》。他就是弗吉尼亚州的托马斯·杰斐逊，他与邓莫尔勋爵（皇室派驻弗吉尼亚州的代表）的关系，就像汉考克、亚当斯与他们的总督之间的关系一样紧张。

就在他著名的《英属美洲民权概观》出版后不久，杰斐逊得知他因对抗英政府而犯了严重叛国罪，将要接受制裁。面对这样的威胁，杰斐逊的一名同人——帕特里克·亨利大胆地说出了自己的想法，并以一句永垂不朽的经典名言作为结束语：

"如果这叫叛国，那就让我们叛个彻底吧！"

在第一次大陆会议召开的时候，就是这样一群没有力量、权威、军队和资金的人，严肃地坐在那里思考着殖民地的未来。该会议每两年召开一次，在1776年6月7日的会议上，理查德·亨利·李站起来，向主席示意要发言，接着，他提出一个震惊了与会人员的动议。

"各位先生，我提议，这些联合起来的殖民地有权利成为自由独立的区域，它们不应再效忠于英国皇室，它们应彻底脱离与大英帝国的各种政治联系。"

与会者对李这番震惊四座的提议进行了激烈的讨论，时间之长，都快要让他失去耐心。几天的争论过后，最终，他再次登上讲台，用清晰、坚定的声音宣布："主席先生，我们就这个问题已经讨论好几天了。这是我们应该选择的唯一道路。为什么还要拖延下去？为什么还要继续商议？让今天这个快乐的日子成为美利坚合众国的诞生日吧！让这个国家站起来吧，为了重建和平与法制，而不为摧毁和压制。欧洲人的目光都聚焦在我们身上。他们希望我们的国家成为自由的榜样，他们希望我们的人民生活幸福，与不断扩张的暴政形成鲜明对比。"

在大家对他的动议进行最终投票之前，李由于家人病重被召回了弗吉尼亚。但临走前，他把他的事业交给了朋友托马斯·杰斐逊。杰斐逊答应继续斗争，直到有力措施得到实施为止。不久后，大会主席（汉考克）指派杰斐逊担任委员会主席，负责起草一份《独立宣言》。

委员会为了这份文件付出了长期艰苦的劳动。一旦这份文件被大会通过，将意味着每一个在文件上签名的人也签下了自己的死亡判决书。如果殖民地在与大英帝国的战斗中被打败，他们就必死无疑。

文件拟好了，原始稿于6月28日在大会上宣读。之后的几天，它被讨论、修改并最终确定。1776年7月4日，托马斯·杰斐逊站在与会人员面前，毫无畏惧地宣读了这个史上最重要的书面决定。

"在人类发展的过程中，当一个民族必须解除同另一个民族的联系，并按照自然规律和上帝的旨意，以独立平等的身份立于世界列国之林时，出于对人类舆论的尊重，必须把驱使他们独立的原因公之于众……"

杰斐逊念罢，会议投票并通过了这份文件，56名代表在文件上签名，每个人都冒着生命危险作了这个决定。正因为他们的决定，才有了这个国家的诞生，人民才被永久赋予了作决定的权利。

信心十足地作出决定，并且只有这样作出决定，才能真正帮助人们解决问题，并赢得大量的物质和精神财富。我们不要忘记这一点！

分析《独立宣言》背后的这些事件，我们应该相信，这个如今在全世界享有威望的国家，就诞生于这56人智囊团的决定之中。请牢牢记住这个事实，是他们的决定确保了华盛顿军队的胜利，因为这个决定所代表的精神已经深入每个士兵的心中，成为一股绝不认输的精神动力。

（为了个人利益）还须注意到，让这个国家成为自由国度的力量，也是所有希望决定自己命运的人必须使用的力量。这种力量由本书中的13条原则构成。在《独立宣言》的故事中，就不难发现其中6条原则：欲望、决断力、信心、毅力、智囊团与精心计划。

这个故事让我们明白，受到强烈欲望驱动的思想，极有可能被转化为它的物质等价物。在你继续阅读之前，我想让你知道，在这个故事和美国钢铁公司的故事中（第二部分），你都可以找到对思想如何惊人地转换的详细描述。

在你寻找这个秘诀的时候，不要期望遇到奇迹，因为你是找不到奇迹的。你只会看到永恒的自然规律。这些规律对每个抱持信心与勇气的人都会奏效。你可以用它们为国家带来自由，也可以用它们来积累财富，或是达成任何有价值的目标。你无须为了解这些规律而付费。

那些快速果断作决定的人知道自己要的是什么，通常也能够得到它。各行各业的领导人都有快速且坚定地作出决策的能力。这正是他们成为领导者的原因。那些言行之中表现出对自己的努力方向有明确认识的人，会在这个世界上占有一席之地。

犹豫不决往往是一个人在青少年时期就形成的习惯。这个习惯会一直伴随他走过小学、中学，甚至漫无目的地读完大学。教育制度的一个主要缺陷就在于，老师们不重视培养学生作明确决定的习惯。

如果一所大学能够偏向录取那些宣读了自己研究目标的学生，这将会很有帮助。如果每一个小学生都能接受一个培养决策习惯的训练，并被要求在这个科目上拿到满意的考试成绩之后才能升学，那就更好了。

因教育体制上的缺陷而让学生养成的犹豫不决的习惯，会被学生带入他们的职业中。一般说来，刚刚走出校门的年轻人会选择任何一个他们能找到的工作。他们会接受自己找到的第一份工作，因为他们已经养成了犹豫不决的习惯。今天，98%的工薪族之所以接受他们的职位，是因为他们缺乏为自己规划一个明确职位的决断力，以及不知怎样选择合适的雇主。

作出坚定的决策需要勇气，有时需要极大的勇气。56个在《独立宣言》上署名的人冒着生命危险立下了签名的决心。而那些下决心要找到某一类型工作的人，虽然没有冒生命危险，却是在拿经济自由当赌注。财务独立、财富、理想的事业和专业职位，对于那些不抱期望、不作计划、不提要求的人来说，都是遥不可及的。渴望财富的人——就像萨缪尔·亚当斯渴望为殖民地争取自由一样——才能积累起财富。

在"精心计划"这一部分，你读到了推销各种类型的个人服务所须遵循的几个技巧。你还读到了如何选择喜爱的雇主和梦想的工作。如果你没有把这些技巧转化为行动计划的决断力，如果你没有执行计划的毅力，那么这些技巧对你来说就毫无价值。所以，致富第8步便是培养毅力。

第八部分　毅力：保持信心的持续动力

大多数人一遇到挫折和不幸就会放弃自己的目标。只有少数人能做到不达目的不罢休。

在把个人欲望转化为金钱等价物的过程中，毅力是一个不可缺少的因素。毅力的基础是意志力。

当意志力和欲望结合得合理时，就能产生不可抗拒的力量。那些积累了巨额财富的人经常被认为是冷血和无情的。其实这是种误解。他们是把意志力与毅力相结合，进而推动个人欲望，来实现人生目标。

亨利·福特经常被误解为一个冷酷无情的人。这是因为他习惯于坚持不懈地去执行每一项计划。

很多人一遇到挫折和不幸就会放弃自己的目标。只有少数人能做到不达目的不罢休。这些少数派包括了福特、卡耐基、洛克菲勒、爱迪生和其他来自全世界的杰出人士。

创造财富通常须要对本书中的全部13条法则加以运用。所有想要积累财富的人都须要理解这些原则，并坚持不懈地将它们应用于生活中。

如果你阅读本书的目的是学会运用书中的知识，那么第一个对毅力的测试就是第一部分中所描述的6个行动步骤。如果你属于极个别特例，已经有了明确的目标和实现目标的明确计划，那么你可以阅读一下这些指示，然后继续你的日常安排，不必遵照这些指示去做。

之所以要求你在这里作一个自我评价，是因为缺少毅力往往是导致失败的主要原因。而且，成千上万人的例子已经表明，缺少毅力是大多数人的通病。这个缺陷也许可以通过个人努力来弥补。但是能否彻底克服这个缺点，完全取决于一个人的欲望是否足够强烈。

一切成就都起步于欲望。请牢牢记住这一点。少量的欲望带来少量的成果，就好比一小团火只能带来一点儿热度。如果你发现自己缺乏毅力，那么你也许可以通过点燃更强烈的欲望之火来克服这个缺点。

读完本部分后，请回到第一部分，立刻开始实施那6个行动步骤所包含的指示。你执行这些指示的想法有多急切，能清楚地反映你积累财富的欲望有多强烈。如果你发现自己对此无动于衷，也许就可以确信，你还不具备"金钱意识"，而在你计划积累财富之前，必须培养起这种意识。

如果你发现自己的毅力不足，那么请认真阅读"智囊团"这一部分所给出的几项指示。让自己身处智慧人士之中，通过与周围人的合作来增强毅力。你还会在有关"自我暗示"和"潜意识"的部分（第三部分和第十一部分）里读到一些培养毅力的额外建议。遵照这些指示去做，直到你的习惯能够将一个明确的欲望图像传达给你的潜意识。潜意识时时刻刻都在工作，无论你是醒着还是在睡觉。

偶尔或间歇性地运用这些原则，对你来说没有什么意义。想要取得成果，你必须运用所有法则，直到使用它们已经成为你的固定习惯。这样才能培养起金钱意识，除此之外别无办法。

贫穷青睐那些安于贫穷的人。正如金钱青睐那些头脑里准备好迎接它的人。其中的道理是一样的。贫穷意识会主动捕捉到那些缺乏金钱意识的大脑。贫穷意识的增长无须刻意培养。而金钱意识则要有意培植，除非一个人生来就具备它。

如果你能充分理解上面这段话的意思，你就能理解毅力在积累财富的过程中所起的重要作用。如果没有毅力的支持，那么你还没开始努力就已经失败了。有了毅力，你就有了胜利的把握。

如果你曾做过噩梦，你就应该明白毅力的价值。你躺在床上半梦半醒，感觉自己快要窒息。你无力翻身，连一个指头都动不了。你意识到必须控制住自己的身体。通过意志力的不断努力，你终于能够活动一只手的手指。你继续努力，把你对手指的控制力扩展到一只手臂，最后你能举起这只手臂了。然后你用相同方法控制了你的另一只手臂。接下来，你控制了一条腿，又控制了另一条腿。你运用最强的意志力重新控制了全身的肌肉系统，从噩梦中挣脱出来。你是一步一步取得成功的。

你也许可以用相同的办法让自己摆脱惰性思想，一开始慢慢行动，接着加快速度，直到完全控制自己的意志力。无论一开始的进展有多缓慢，你都要坚持下去。有志者事竟成。

没有什么可以取代毅力的作用！其他任何品质都取代不了！请记住这句话，起初你能从中得到莫大的鼓励，但接下来的进步会变得困难且缓慢。

那些已经具备毅力的人就好像拥有了"失败保险"。无论他们遭遇多少挫折，都能最终登上事业高峰。有时候，似乎有一个看不见的指引者，用各种各样的挫折来判断人们是否经得住考验。那些经历打击后还能振作起来并继续努力的人，最终到达了目的地，整个世界都会为他们欢呼："太棒了！我就知道你做得到！"这个隐形的指引者不允许任何人不经历毅力考验就取得伟大成就。所以，那些经不起考验的人也就无法获得成功。

而经过毅力考验的人，会得到丰厚的回报。作为补偿，他们会实现自己一直追求的目标。还不止这些！他们会得到比物质报酬更重要的东西，即他们懂得了一个道理：每一次失败都孕育着成功的种子。

但这个规律也有例外。一些人从经验中明白了毅力的重要性。他们认为挫折不过是暂时性的。他们坚持不懈地追求欲望，最终将挫折变为胜利。作为旁观者，我们目睹过不计其数的人被挫折打倒，从此萎靡不振。我们很少看到有人能把挫折当作一种激励，让自己更加努力。但这些幸运的人从来不接受生活的逆境。当他们与挫折对抗时，有一种无声却不可抗拒的力量给了他们莫大的动力，这种力量是我们看不到的，大多数人都不具备。这种力量被我们称为"毅力"。如果一个人没有毅力，那他做任何事都不会成功。

写这段话的时候，我抬起头，在离我不到一个街区远的地方，是神秘的纽约百老汇，它是"埋葬希望的坟墓"，也是"机遇的大门"。世界各地的人们来到百老汇，追寻名声、财富、力量、爱情或其他被人类定义为成功的东西。偶尔会有人从大批追寻者中脱颖而出，于是世人会听闻又有一个人在百老汇走红。但百老汇不是一个可以被轻松快速征服的地方。这里承认才华和天分，但一个人只有不放弃不退出，才有机会得到金钱的回报。

征服百老汇的秘诀一直以来都与"毅力"这个词不可分割。

范妮·赫斯特[1]用自己的毅力征服了星光大道，她的奋斗历程向我们展示了这个秘诀。她于 1915 年来到纽约，想把自己的写作才能转化为财富。这种转化并没有很快到来，但终究还是出现了。头四年的时间里，赫斯特小姐亲身体验了"纽约的边缘生活"。她白天努力工作，晚上诚心祈祷。当希望似乎非常渺茫时，她没有对自己说："好吧，百老汇，你赢了！"而是说："这非常好，百老汇，你也许可以吓退一些人，但绝不包括我。我会让你认输的。"

在她突破瓶颈，小说得到认可之前，一家报社（《星期六晚邮报》）曾拒绝了她 36 次。普通的作家，就像其他行业中的普通职员一样，在第一次被拒绝时就会放弃了。但她却在报社的拒绝声中坚持了四年，只因她一心要取得成功。

回报终于到来。隐形的指引者考验了赫斯特，从前的诅咒被破解，她可以领取报酬了。从那时起，各路媒体争相拜访，财富来得如此迅速，她几乎没有时间去清点。之后，电影人找到了她，更多财富如洪水般向她涌来。她的小说《一声大笑》的电影版权为她赚得 10 万美元，据说这是当时支付给未发表小说的最高价格。她从这部小说中赚取的版税为她积累了更多财富。

总之，你现在应该明白，毅力能够助人取得成就。范妮·赫斯特并不是一个例外。无论何时何地，当你看到人们积累起巨额财富时，你应该相信他们首先拥有毅力。百老汇会施

---

[1] 范妮·赫斯特（1889—1968），美国作家。她的很多小说曾被改编成电影。——译者注

舍给乞讨者咖啡和三明治，但对于那些追求远大理想的人，它要求他们必须拥有毅力。

美国歌手凯特·史密斯如果读到这里，一定会说上一句"上帝保佑"，并由衷地表示赞许。许多年来，她抓住每一个演唱机会，不求报酬地歌唱。百老汇对她说："如果你能得到机会，请尽管来试。"终于，那个令人欣喜的日子到来了，她得到了机会。百老汇忍不住对她说："哎，给你机会又有什么用呢？你说不定什么时候就会被人打败。还不如现在就开出你的价码，赶紧去努力干活吧。"于是史密斯小姐开出了自己的价码。这可不是个小数目！她一周的薪水比很多人一年的薪水都要高。

所以，有毅力的人真的会得到回报！

下面这句鼓舞人心的话给你提供了一条重要的建议：今天，有成千上万名演唱技巧超过凯特·史密斯的歌手进出百老汇，寻求"突破"，却毫无所获。还有不计其数的人来了又走。他们中的许多人唱得足够好，却没能获得成功，因为他们没有勇气坚持到百老汇懒得再拒绝他们的那一天。

毅力是一种心态，因此，它是可以被培养的。和其他心态一样，毅力的养成有一定的原因。

培养毅力的 8 大因素

1. 明确的目标。首先知道自己要什么，这也许是培养毅力最重要的一步。一个强烈的动机可以帮助人们克服任何困难。

2.欲望。相对来说，人们比较容易获得欲望，也比较容易坚持追求强烈的欲望。

3.自信。对自己执行计划的能力的信心，可以激励一个人将该计划坚持到底。（第三部分"自我暗示"所描述的原则有助于培养自信。）

4.明确的计划。精心制订一份计划，即便它考虑不周或不切实际，也能够促进毅力的培养。

5.对自己的正确认识。通过经验或观察来评价一个人的计划是合理可靠的，有助于培养毅力。如果依靠猜测，而不是客观认知，会毁掉一个人的毅力。

6.合作。对他人的同情、理解与良好合作，都有助于培养毅力。

7.意志力。有了明确的目标后，专心制订出实现目标的计划，这会使人产生毅力。

8.习惯。毅力源自习惯。大脑会从每日经历中吸取养分，并将其转变为生活的一部分。恐惧是人类最大的敌人，我们可以通过不断重复勇敢的行为来将其有效治愈。每一个对工作有所了解的人都明白这一点。

在结束"毅力"这个话题之前，你不妨作一个自我评估，看看自己是否缺乏某种重要的品质，如果有，具体欠缺在哪里。按照这几点，逐项审视下自己，看看你缺乏这8项培养毅力的品质中的哪几项。作这样的分析可以让你对自我有一个新的认识。

缺乏毅力的16种表现

在这里你会找到阻碍你成功的真正敌人。你不仅能了解到缺乏毅力的16种表现,还能找到根植于潜意识的原因。如果你想了解真实的自己和自己的能力,请认真研究这份清单,并坦诚地审视自我。所有怀抱致富梦想的人,都必须克服这16个弱点。

1. 无法认清并确定自己想达到的目标。
2. 拖延症,也许有原因,也许毫无原因。(通常伴随着各种借口和托词。)
3. 对获取专业知识缺乏兴趣。
4. 犹豫不决,习惯于推卸责任,而不是直面问题。(也伴随着各种托词。)
5. 习惯于使用托词,而不是制订解决问题的明确计划。
6. 自满。几乎没有什么补救的办法可以帮助受此问题困扰的人。
7. 缺乏热情。通常表现为一个人容易随时妥协,而不是直面困难并抗争到底。
8. 习惯于把自己的错误归咎于别人,被动接受困难,认为逆境不可避免。

9. 缺乏强烈的欲望。由盲目选择动机所导致。

10. 在第一次遭遇挫折时就想要甚至急于放弃。（源于六种基本恐惧的一种或多种。）

11. 缺乏条理清晰、分析详尽的书面计划。

12. 在构想和机会出现时不加以把握。

13. 只有希望，没有意愿。

14. 向贫穷的生活低头，而不是朝着富裕的生活努力。缺乏"想成为""想去做"和"想拥有"的野心。

15. 寻找各种致富的捷径，想要不劳而获。通常表现为一个人有赌博习惯，或喜欢讨价还价。

16. 害怕批评。易受他人想法和言行的影响，无法创建自己的计划并付诸实践。这是清单上的头号敌人，因为它普遍存在于每个人的潜意识中，却很少被人察觉。（参看六种基本恐惧。）

让我们来分析一下第16种表现——害怕批评。很多人会受亲戚、朋友和周围人的影响，因为害怕批评而无法过自己想要的生活。

很多人迈入了错误的婚姻。夫妻两人每天都在争吵，不幸地度过一生，因为他们害怕自己纠正错误的行为会招致批评。（任何一个曾经屈服于这种恐惧感的人都知道，它具有不可挽回的破坏力，会摧毁一个人的抱负、自立和实现目标的欲望。）许多人在离开学校后不愿再接受任何教育，就是因为他们害怕批评。

不计其数的人，无论性别和年龄，任凭亲属们打着"责任"的旗号来破坏自己的生活，因为他们害怕批评。（责任并不意味着一个人必须任由他人破坏自己的抱负和生活方式。）

人们拒绝尝试生意中的机会，因为害怕失败而招致批评。在这种情况下，对批评的恐惧超过了对成功的渴望。

太多人拒绝为自己设定一个远大的目标，他们甚至不认真选择一个职业，因为他们害怕亲友会批评自己："别好高骛远，别人会说你异想天开。"

当安德鲁·卡耐基建议我花费20年的时间去整理一套有关个人成功的哲学时，我的第一反应是担心别人的评价。他这个建议为我设立了一个人生目标，比我曾考虑过的任何目标都要远大。所以我的大脑中很快想出了各种托词和借口，这一切都是源于对批评的恐惧。我身体里有一个声音在说："你不能接这个活儿，这个任务太艰巨，耗时太长，你的亲属们会怎么看待你？你靠什么赚钱养家？没有人总结过成功的哲理，你凭什么觉得自己能做到？你凭什么敢定下如此远大的目标？想想你的卑微出身，你对哲学了解多少？大家会笑话你的（确实如此），为什么之前没有人尝试过这项工作？"

以上这些问题与其他一堆问题一下子涌入我脑海中，催促我做出回应。似乎整个世界都突然对我投来了目光，讥讽我，想让我放弃实施卡耐基的建议。

那个时候，我是完全可以放弃的，在我被自己的欲望控制之前就先扼杀它。在我对成千上万的人作了分析之后，我发现，大多数构想在被创建之初都是死的，只有立即展开明确的行动计划，才能为它们注入生命力。这些构想一经创建，就必须付诸行动。多实践它一分钟，就让它多了一分存活的机会。对批评的恐惧是毁灭大多数构想的根本原因，使得它们永远无法被制订成计划并付诸行动。

许多人认为，物质上的成功源自良好的机遇。这个观点有其正确的一面。但如果人们完全仰赖运气，便会常常感到失望，因为他们忽略了另外一个重要因素，拥有了它你才有成功的可能。这就是把握机遇所需的知识。

在大萧条时期，喜剧演员W. C. 菲尔兹损失了所有积蓄，他没有工作，失去了收入来源，也无法再依靠表演杂耍来赚钱。更糟的是，他已年过六旬，很多人到了这个年龄都感觉自己不再中用。但他急切渴望东山再起，于是开始在一个新的领域（电影行业）提供免费服务。且不提其他各种困难，他还把脖子摔伤了。对许多人来说，这些遭遇已足够让他们放弃努力。但菲尔兹依旧坚持不懈。他知道如果自己坚持下去，迟早会得到机会。最后，他果然得到了机会，但不是凭借运气。

玛丽·杜斯勒[1]发现自己年近六十却一无所有，穷困潦倒。她没有钱，也没有工作。于是她努力追寻机遇，最后得到了它。她的坚持不懈让自己在晚年取得了惊人的成功，而她当时的年纪早已超过了大多数人认为可以实现抱负的年龄。

埃迪·坎特[2]在1929年股市崩盘时损失了所有钱，但他仍

---

[1] 玛丽·杜斯勒（1868—1934），美国著名影星，曾获奥斯卡奖。——译者注

[2] 埃迪·坎特（1892—1964），美国喜剧演员。——译者注

然拥有毅力与勇气。依靠着这两个品质与自己那双独特的大眼睛，他为自己赚回了一万美元的周薪！确实是这样的，只要一个人有毅力，即使缺乏其他特质，他也可以做得很好。

每个人可以依赖的唯一机遇是自己创造的，它来自毅力。但首先要有一个明确的目标。

对你遇到的前100个人做一个调查，问问他们生活中最想得到什么，其中会有98个人无法明确说出。如果你要求他们必须给出答案，一些人会说安全感，很多人会说金钱，少数人会说幸福感，另外一些人会说名望和权力，还有一些人会说社会认同、生活轻松、能唱能跳或者文笔优美，但没有一个人可以具体描述出这些概念，或透露一些他们为了实现这些含义模糊的愿望所制订的计划。财富不会应希望而生。只有当一个人有明确的欲望和计划，并坚持不懈地努力之后，财富才会现身。

如何培养毅力

以下的4个步骤可以帮助我们培养毅力。实施这几个步骤，不须要你有多聪明，受过多少教育，而且，它只会花去你少量的时间和精力。这4个必要的步骤如下。

1. 在强烈欲望的推动下，确定一个明确的目标。
2. 一个列出连续行动步骤的明确计划。
3. 大脑不受任何负面和消极因素的影响，包括亲友的消极性建议。
4. 结交几个能够鼓励你坚持自己的计划和目标的朋友。

实施这4个步骤，对于在任何领域获得成功都至关重要。"思考致富哲学"所阐述的13条原则，就是为了帮助你将这4个步骤转化成一种习惯。

这4个步骤可以让你把握自己的经济命运。

这4个步骤可以让你实现思想的自由与独立。

这4个步骤可以将你引向或大或小的财富。

这4个步骤可以为你带来权力、名望和全世界的认可。

这4个步骤可以保证你获得良好的机遇。

这4个步骤可以将梦想转化为现实。

这4个步骤还能让你征服恐惧、沮丧与冷漠。

懂得遵循这4个步骤的人，可以得到非常丰厚的回报。它可以让你决定自己的人生走向，得到你想得到的生活。

虽然无从证实，但根据我的大胆推测，华里斯·辛普森女士与爱德华八世的爱情不是偶然产生的，也不单纯是因为机遇。她带着强烈的欲望，在人生的每一步仔细寻找爱情。她人生的首要目标就是获得爱情。这世上最伟大的是什么？不是人为的规矩、批评、痛苦与杀戮，也不是所谓"政治婚姻"，而是爱情。

华里斯·辛普森早在认识威尔士王子之前就知道自己想要什么样的伴侣。虽然经历了两次失败的婚姻，但她仍有勇气继续寻找爱情。"你必须对你自己忠实。正如有了白昼才有黑夜，对自己忠实，才不会欺骗别人。"[1]

她从卑微的出身一步一步地攀升至后来的地位，这个过程虽然缓慢，却从未停步。最后她获得了极为难得的机遇。无论你是谁，无论你如何看待华里斯·辛普森和那个不爱江山爱美人的国王，她都是一个充分发挥了个人毅力的绝佳楷模，一个贯彻自主规划的导师，恐怕全世界都可以从她这一课中学到些什么。

那么爱德华国王呢？在这个20世纪最戏剧化的故事中，我们可以从他身上学到什么？他是否为心爱的女人付出了过高的代价？

除了他，谁都无法回答这个问题。我们这些旁观者只能

---

[1] 引自莎士比亚《哈姆雷特》中的第一幕第三场。——译者注

作出各种猜测。我们只知道，他出身于富贵之家，无须伸手就能得到财富。他一直是备受欢迎的婚姻伴侣。全欧洲的政客都向他抛来各个公主或遗孀的橄榄枝。作为家中的长子，他根本无须张口，甚至不必渴望，就拥有了王位继承权。40多年来，他不是一个自由的个体，无法以自己的方式生活，几乎没有任何隐私，等到继承王位后，他还要承担那些强加于他的责任。

有些人会说："爱德华国王享有这么多的生活恩赐，他应该已经有了平静的心态，感到知足，并享受生活。"而事实是，在王冠代表的特权（金钱、名望和权力）背后，是一颗只能由爱来填满的空虚的心。

他最大的渴望就是找到爱情。早在遇到华里斯·辛普森之前，他就已经感觉到这种伟大而普遍的情感在不断拨动着他的心弦。他的心随着灵魂跳动，大声呼喊着对爱情的渴望。

爱德华国王放弃英国王位，与心爱之人共度余生的决定是需要勇气的。作出这个决定也必须付出代价，但是有谁能说这个代价太过昂贵呢？

如果有人指责温莎公爵渴望爱情并最终公开恋情、放弃王位的举动，我们要给这些人一点建议。请记住，重要的不是他"公开恋情"，他本可以遵循传统，发展"地下情人"，进行秘密交往，这个做法已经在欧洲盛行了几百年，既不须要放弃王位，也不须要放弃爱人。而他也不必受到来自教会和公众的指责。但这个非同寻常的男人十分坚强，他的爱真挚而深沉。他的做法说明这份爱情是他真正渴求的，凌驾于其他一切之上。

因此，他拿走了自己想要的，付出了相应的代价。

今天的大多数人会为温莎公爵和华里斯·辛普森而鼓掌，因为他们坚持不懈地寻求生命中最宝贵的东西。而我们在寻找自己生命中的渴求之物时，也可以效仿他们的做法。

有毅力的人到底获得了什么神秘的力量，可以克服各种困难？是因为毅力在人脑中设计了某些精神和化学活动，让人们掌握了超凡的力量？还是因为无限智慧不顾整个世界的反对，特别垂青于那些失败之后仍在战斗的人？

在我观察了亨利·福特等人之后，心中不禁浮现出这一类问题。亨利·福特白手起家，起初除了毅力，他什么也没有，后来却打造出大规模的工业帝国。还有爱迪生，虽然他只在学校接受了三个月的教育，却成为世界顶尖的发明家，将他的毅力转化为留声机、电影放映机和白炽灯，更别提还有其他100种有用的发明。

我很高兴能有幸对爱迪生和福特先生进行仔细的分析和研究。所以，我用我所获得的第一手资料作出结论，除了毅力，他们两人身上没有其他任何特质与他们的伟大成就有丝毫联系。

如果对从前的预言家、哲学家、奇迹创造者和宗教领袖们做一个客观的研究，你就一定会得出一个结论，那就是毅力、专注的努力和明确的目标，是他们取得成就的三大主要原因。

像爱迪生、亨利·福特、安德鲁·卡耐基这样的商业领导者，萨缪尔·亚当斯这样的政治领袖，范妮·赫斯特、凯特·史密斯、W. C. 菲尔兹这样的娱乐明星，华里斯·辛普森和温莎公爵这样的世界公民——无论来自哪个领域，以上所提及的这些人类历史各个年代的人物，都向我们展示了"致富第8步——毅力"在应对所有困难和逆境时的惊人力量。

　　毅力创造信心。而信心是失败的唯一解药，是所有致富行动的起始点，也是唯一能够帮助人类获取无限智慧的媒介。

第九部分　智囊团的力量：驱动力

如果一个人身边能够围绕一群和睦友好并愿意全力支持他的人，为他提供建议、咨询与合作，那么任何人都可以创造经济利益。

毅力创造信心。

信心给予我们力量。

而力量是成功致富的一个必要条件。

如果没有足够的力量将计划转化为行动，那么计划本身就是惰性的且无用的。本部分将介绍一些获取和运用力量的方法。

力量也许可以被解释为"有组织且合理运用的知识"。而我们这里所说的"力量"，指的是有组织的努力，这种努力可以让一个人把欲望转化为金钱等价物。有组织的努力是通过两个人或更多人的通力合作而产生的，这些人本着和谐精神，一同为了一个明确的目标而工作。

积累财富需要力量！守住财富也需要力量！

那么我们来探究一下，如何能够获得力量。如果力量是"有组织的知识"，那么我们来看看知识主要来源于何处。

1. 无限智慧。我们可以通过创造性想象力的帮助，按照第五部分中所描述的步骤，接触到无限智慧。

2. 积累的经验。人类文明发展过程中所积累的经验（或是经过组织和记录的部分经验）可以在任何一个设施良好的公共图书馆里获得。高等院校会将这些经验中的重要部分进行分类和整理，最后教授给学生。

3. 实验和研究。在科学领域和其他各行各业，人们每天都对新的事实进行收集、分类和整理。当积累的经验无法为我们提供知识的时候，我们就须要求助于这种来源。

这时，我们也会经常用上创造性想象力。

我们可以通过以上几种渠道获得知识。运用知识制订明确的计划，再用行动去实践这些计划，我们就可以将知识转化为力量。

审视这三个知识来源时，我们不难发现，若要完全凭借一己之力来收集知识并制订行动计划，我们会面临很大的困难。如果我们的计划涉及范围很广，须要收集大量的信息，那么我们必须邀请其他人一起合作，才能为这些计划注入必要的力量。

通过智囊团来获得力量

智囊团可以被定义为"两人或多人为实现一个明确的目标,本着和谐精神,进行通力合作"。

没有人可以不运用智囊团法则就获得强大的力量。第一部分给了我们一些指示,教我们如何将欲望转化为金钱等价物,并制订出计划。如果你持之以恒地遵循这些指示,去仔细筛选你的智囊团,那么你在不知不觉中就已经成功了一半。

所以,通过合理选择自己的智囊团,你可以更好地了解自己所掌握的无形潜能。我在此解释一下智囊团原则的两个特点,一个是经济上的,另一个是精神上的。经济特点显而易见。如果一个人身边能够围绕一群和睦友好并愿意全力支持他的人,为他提供建议、咨询与合作,那么任何人都可以创造经济利益。几乎每一笔巨额财富都是基于这种合作基础。你是否能充分理解这一点,决定了你今后的经济地位。

智囊团的精神特点就要抽象得多,也难理解得多。因为它涉及人类目前还未完全掌握的精神力量。你也许能从下面这句话中找到一个重要的启示:"两个人的智慧加起来,必将创造出第三种看不见、摸不到的力量,就好比第三个人的智慧。"

要知道,目前整个宇宙中事物的存在方式只有两种:能量和物质。众所周知,物质可以被细分为分子、原子、质子、中子和电子。一种物质的各个成分可以被分解并加以分析。

同样，能量也有不同成分。

人类大脑就是一种能量，其中一部分在本质上是精神的。当两个人的大脑进行和谐的合作时，每个大脑能量的精神成分就会产生一种"吸引力"，组成了智囊团的精神部分。

智囊团原则，或者说它的"经济特点"，是我在开始研究的早期阶段因为安德鲁·卡耐基而开始注意到的。对这个特点的发现，让我做出了自己的职业选择。

卡耐基先生的智囊团大约由50人组成。他组建这个团队是为了生产和销售钢铁这一明确的目标。他把自己获得的所有财富都归功于智囊团为他积累的力量。

对那些积累了巨额或小笔财富的人做一个调查，你会发现，他们一定有意或无意地借助了智囊团的力量。

除了智囊团，没有哪条原则可以聚集起如此强大的力量！

能量是自然界通用的建筑模块，大自然用能量构建了宇宙中的每一个物质。通过一个只有大自然能理解的过程，把能量转化为物质。

我们都知道，一组电池提供的电量超过单个电池的电量。我们也明白，一组电池提供的电量与它包含的电池数目和容量成正比。

人类大脑也是以这种方式运作的。这解释了为什么有些大脑更高效，也引出一个重要的结论：一组齐心协力、通力合作的头脑，比单个头脑，能提供更多的思想能量，就好比一组电池能比单个电池提供更多电量一样。

通过这个比喻，我们很快就能明白，智囊团原则之所以带来力量，其秘诀是我们与周围人的智慧得到了结合。

下面这句话，可以帮助我们进一步了解智囊团原则的精神特点：当一组人协力合作时，每个人都可以获取集体智慧所产生的能量。

亨利·福特是在贫穷和缺乏教育的情况下开始经营生意的。想不到在短短的10年中，他克服了这两个缺陷，而在不到25年的时间里，他把自己变成了美国最富有的人物之一。还有一个相关的事实：福特先生的快速发展是从他与爱迪生成为朋友后开始的。现在，你应该能够理解一个人的思想可以对另一个人造成多大的影响了。再进一步去想，福特先生最突出的那些成就都是在他认识了哈维·费尔斯通、约翰·巴勒斯和卢瑟·伯班克（每一位都极具智慧）之后取得的，这样就能进一步证实，大脑的友好结合可以产生伟大的力量。

毋庸置疑，亨利·福特是同时期的商界和工业界中掌握最多信息的领导者之一。他拥有的财富数量无须赘述。让我们来看看福特先生的亲密朋友（有几位上文已经提到），你就能理解这句话的含义："当与他人和谐共处的时候，他会学到他们的秉性、习惯和思维能力。"

亨利·福特通过结交聪明的朋友，吸收了他们的"思想振动"，克服了贫穷、文盲和无知的缺陷。他与爱迪生、伯班克、巴勒斯和费尔斯通的交往，使他能够获取这四个人的智力、经验、知识和精神力量的总和与精华。同时，他采用了本书所描述的步骤、方法，对智囊团原则进行了合理的运用。

这一原则也同样适用于你!

我之前提到过圣雄甘地。有些人也许只把他看成一个古怪的小老头,没有像样的服装,到处给英国政府惹麻烦。

事实上,甘地并不古怪,他是那个时期最有力量的人。他甚至是历史上毫无争议的最强大的个体。他被动地获得了力量,但这力量是真切的。

那么他是如何获得这种惊人力量的呢?一句话就可以说明:他让两亿多人为了一个明确的目标而协调合作,从而获得了惊人的力量。

简而言之,甘地创造了一个奇迹。因为他团结(而不是强迫)了两亿多人,让他们在很长一段时间里齐心协力。如果你质疑这个奇迹,不妨邀请任意两个人在无限制的时间段里进行通力合作。

任何一个经营企业的人都知道,让员工们以一种基本和谐的关系在一起工作,是多么困难的事情。

运用无限智慧

我们之前说过，获取力量的主要途径中，排在首位的是无限智慧。当两人或多人为了明确的目标齐心合作时，通过这种合作关系，他们可以从无限智慧的庞大仓库里直接获取力量。这是所有力量中最强大的一种。天才都通过这种途径得到力量。伟大领袖们，无论是有意还是无意，也往往从这个渠道获取力量。

另外两个聚集力量的来源——"积累的经验"和"实验与研究"——与人类的五种感官一样，并非完全可靠。

在后面的部分里，我们会详细介绍轻松运用无限智慧的方法。

阅读本书的时候，请思考，甚至冥想。很快这本书的大致内容就会展现在你面前，会让你以正确的方式来解读它。而目前你只看到了每个部分的详细内容。

金钱"害羞"且难以捉摸。追求金钱的方式就像追求意中人一样。无独有偶，追求金钱所须花费的力量也和追求意中人一样。在追求金钱时，这种力量还要与信心、欲望和毅力结合，并将制订的计划付诸行动。

当"巨额财富"到来时，它会涌向追求财富的人，就如高山流水一样轻松简单。我们的生活中有一股巨大而无形的"力量之流"，就像河流一样——但这股力量之流虽然有一侧向一个方向流动，将河中之人带向财富，但另一侧却会朝着反方向流动，将不幸涉水且无法脱身之人带往悲惨和贫穷之地。

每一个积累了巨额财富的人都知道这条生命之流的存在，它是由一个人的思考过程组成的。积极的思想情感汇聚成把人带往财富之地的那一侧河流，而消极的情感则汇聚成把人拖往贫穷之地的那一侧河流。

明白每个人都可以控制自己在这条河中的位置，对于那些带着致富目的来阅读本书的人来说至关重要。因为明白了这一点，你就能意识到，任何人都渴望财富，但只有少数人知道，一个明确的计划加上强烈的致富欲望，是获取财富的唯一可靠途径。

如果发现自己正身处通往贫穷之地的河流中，你必须明白，你拥有把自己带往河流另一侧的力量。本书所阐述的哲理和各项法则就是你的桨。只有运用了这些哲理与法则，它们才能发挥作用。仅仅阅读它们或随意评判，你都无法获益。你必须把船桨握在自己手里，并付诸行动。

一些人有过身处河流两侧的经历，有时在积极的一侧，有时在消极的一侧。最近的经济大萧条将几百万人从河流的积极一侧推向了消极的一侧。这些人在河流中挣扎，其中一些人陷入了绝望和恐惧，不相信还能回到积极的河流中。这本书正是写给这几百万读者的。

贫穷和富有经常易位。经济的飞速发展已经将这个事实展示给世人，但许多人仍会忘记这一点。贫穷可能，也常常主动替换富有。想用财富来替换贫穷，这样的改变往往要精心设计的计划并认真执行该计划。但贫穷替换财富则不需要任何计划。它不需要任何人的帮助，因为它是如此大胆和无情。金钱是"害羞、胆小"的。它们只有受到吸引时才会出现。但是，一个人很难吸引并守住财富，除非他首先学会运用智囊团的力量，并掌握了"性转化的神秘力量"。

第十部分　性转化的神秘力量

那些成就伟业的人通常是具有很强的性魅力的人，并掌握了性转化的技巧。性欲中包含了创造力的秘密。

简单说来，"转化"这个词的意思是"把一种元素或能量形式，转变为另一种元素或能量形式"。

性欲会使人产生一种心理状态。

由于人们对这一问题知之甚少，所以通常将这种心理状态与人性的生理一面相联系。又因为许多人在获取性知识的时候接受了错误的影响，所以这种纯粹对生理方面的强调让他们对性形成了顽固的毁灭性偏见。

其实，性欲隐含了三种积极的潜在力量。它们是：

1. 人类的繁衍；
2. 保持生理和心理健康；
3. 通过转化的力量把庸才转变为天才。

第三项潜能所提到的"性转化"，解释起来其实很简单。它指的是一个人思想的转变，或是"主导心理聚焦"的转变，把通过生理表现的思想（及相应行为）转变为另一种思想（及相应行为）。这并不意味着要"独身"或"压制生理需求"。它指的是从一个完全积极的、建设性的角度，以平衡的适当心态来看待性和性行为。

性欲是人类最强烈的一种欲望。若能调整好它与生活的其他方面的关系，按比例分配好时间，性行为就是积极的和健康的。人们（以积极的、建设性的方式）受到这种欲望驱使时，会产生平时没有的强大的想象力、勇气、意志力、毅力和创造力。性欲如此强烈，其驱动力如此之大，以致一些人甘愿冒着生命和名誉的危险去实现它。如果能积极地"驾驭"和"引导"它，便可以保留它的全部特质，比如强大的想象力和勇气等，让它在文学、艺术或其他职业领域发挥其强大的创造力。当然，还能用它来积累财富。

我们可以在河上修筑堤坝，一定时间内控制水流，但终究须要开闸泄洪。性欲也是一样。我们也许一定时间内可以压抑并控制它，但它的天性使它不断寻找发泄的方式。如果不将它转化为其他创造性的力量，最后它就会以一种不那么积极和有用的方式发泄出去。

研究揭示了两个重要的事实。

1. 那些成就伟业的人通常是具有很强的性魅力的人，并掌握了性转化的技巧。

2. 一般说来，那些积累了巨额财富或在文学、艺术、工业、建筑等各个领域中取得杰出成就的人，都受到了另一个人的爱的驱动。

这两个结论是在研究了两千多年来的人物传记和历史事实后发现的。那些成功者的故事表明他们具有很强的性魅力。

性欲是一种不可抗拒的力量，即使身体不能动弹，也无法拒绝这种力量。在性欲的驱使下，人们会被赋予超级强大的行动力。明白了这一点，你就能懂得为什么说性转化的力量可以把庸才变为天才了。

性欲中包含了创造力的秘密。

如果破坏了性腺，无论人还是其他动物，都等于去除了行动力的重要来源。要证明这一点，不妨观察一下动物被阉割后的样子。公牛和斗牛犬在阉割后会变得非常温顺。阉割会去除雄性动物体内的好斗精神，也会使雌性动物变得同样安静。

10 种刺激大脑的物质

人的大脑会对刺激做出反应,经过刺激,大脑会被调整为高频振动,产生所谓的热情、创造性想象力和强烈的欲望等。以下为刺激大脑的 10 种物质。

1. 性欲。
2. 爱情。
3. 对名望、权力和财富的强烈欲望。
4. 音乐。
5. 与同性或异性的亲密友谊。
6. 为了获得精神或世俗的成就,由两人或多人组成的协调和睦的智囊团。
7. 共同的遭遇,比如遭受了同样的迫害。
8. 自我暗示。
9. 恐惧。
10. 酒精。

对性的欲望排在首位。它是增强大脑振动的最有效的刺激物,能够"转动行为的车轮"。这些刺激物中有八个是自然且积极的,有两个是破坏性的。列出这个清单,是为了让你对大脑的主要刺激物作一个对比。从这个研究结果可以明显看出，性欲在绝大多数情况下，是所有刺激大脑的物质中最强烈也最有力的一种。

这种对比可以有力地证明，性能量的转化能够使一个人发挥出天才般的能力。

让我们来看看天才须要具备哪些素质。

某个自以为聪明的人曾经说过，天才就是"留着长发、吃古怪的食物、独居、沦为他人笑柄"的人。一个更好的定义是："天才懂得如何增加脑力强度，他们专注于一件事，使自己能够与普通思想无法接触的知识来源随意沟通。"

善于思考的人对于这个定义存在一些疑问。第一个问题是："一个人如何与一般思想深度和专注力所无法接触的知识来源沟通？"

其他问题是："是否有一些知识来源只有天才知道？如果有，这些知识来源是什么，要怎样接触？"

我将在本书中提供一些重要事实作为有力的证据，或者至少提供一些证据让你通过自我检验来进行证实。这样我就同时回答了以上两个问题。

天才是通过第六感发展而来

人类有第六感早已是个事实。第六感就是"创造性想象力"。大多数人一生都没有使用过它。即便使用过，也纯属偶然。只有很少一部分人是有目的且预见性地使用它。那些主动使用创造性想象力，并且熟知其功能的人，就是我们所说的"天才"。

创造性想象力是有限的人类大脑和无限智慧之间的直接联系。发明界所有基本的或新的原理，都是通过创造性想象力产生的。

当各种构想或概念以直觉的形式闪入一个人的大脑时，它们有4个来源。

1. 无限智慧。
2. 自己的潜意识。那里存放着每一个通过5种感官到达大脑的感觉印象和思想冲动。
3. 别人的大脑。别人的大脑通过有意识地思考所释放出的思想，或某个构想或概念的"图像"。
4. 别人的潜意识仓库。

我们无法从其他已知来源获得"被激发"的构想或直觉。

当大脑因为受到某种形式的刺激而开始运作（或者说开始集中注意力并产生"振动"）时，创造性想象力就会以一种超过普通思想的强度和敏感度开始发挥作用。

当大脑受到10种刺激物中的一种或多种的刺激时，它就能提升一个人，使其超越一般思想水平，并让一个人的思想广度、质量和特质达到低层次思想水平（处理日常问题与常规的专业事务时）所无法达到的高度。

无论通过哪一种刺激物让大脑达到"高层次思想水平"，一个人都好比登上了一架飞机，从高空中俯视地面，能看到地面上的人看不到的地平线以外的景物。同时，当一个人拥有了较高的思想水平，就不再会因为"吃、穿、住"三个基本需求所带来的问题而限制自己的视野，为此类刺激物所阻碍。在一个人所处的思想世界中，那些限制他视野的普通思想，就好比山丘、山谷及其他视觉障碍一样，都会随着他乘飞机上升而不再成为阻碍。

当他乘坐着这架"思想的飞机"不断上升时，大脑的创造力就有了充分发挥的空间，为他自由运用第六感扫清了障碍。他也因此获得其他任何情况下所无法获得的构想。第六感正是区分天才与普通人的一种能力。

创造力被运用得越频繁，就能越发敏锐地接收来自潜意识以外的思想振动，而我们也就越容易依赖它来产生思想冲动（直觉、灵感或洞察力）。只有经常使用，才能培养并不断发展创造力。

所谓的"良知"则完全是通过第六感才得以发挥作用的。

伟大的作家、音乐家和诗人们之所以伟大，是因为他们习惯于依赖创造性想象力所发出的"微小的声音"。想象力丰富的人都知道，他们最好的构想都来自所谓的直觉。

有一位优秀的演说家，他每次都要闭上眼睛，完全依赖创造性想象力，才能让自己进入巅峰状态。当被问及为何总在演讲高潮来临前闭上眼睛时，他回答说："因为这样做才能让我表达出内心的想法。"

一位美国最成功、最出名的金融家养成了作决策之前闭眼两三分钟的习惯。被问及原因时，他回答说："只有闭上眼睛时，我才能更好地运用智慧。"

马里兰州切维蔡斯市的埃尔默·盖茨博士拥有200多项实用的专利，其中许多项基本是通过培养与运用创造力而产生的。对于那些希望成为天才的人来说，他的方法不仅重要，还十分有趣。毫无疑问，盖茨博士就是一个天才。虽然名气不大，但他是一位真正伟大的科学家。

在他的实验室里，有一个被他称为"个人沟通室"的房间。这里几乎完全隔音，也阻隔了所有光线。房间里有一张小桌子，上面放着一沓纸。当盖茨先生希望通过创造性想象力来获取力量时，他就会走进这个房间，坐在桌前，调低灯光的亮度，将注意力集中在该项发明上。他会一直保持着这个姿势，直到与发明有关的各种未知事实和构想开始闪入他的脑海。

有一次，构想源源不断地到来，他不停歇地写了三个小时。当构想不再涌入大脑时，他开始检查自己的笔记，发现上面有几项原则，在目前的科学数据中找不到相同的记载。而且，这些笔记巧妙地解决了他的难题。盖茨博士运用这个方法完成了200多项专利的研发。其他发明家不像盖茨博士那样资源丰富，虽然已经开始研究，却未能先于他完成。美国专利局的记录可以充分证明这一点。

盖茨博士通过为个人和公司"坐等构想"来谋生。也许这些个人和公司没有意识到，他们实际上是按小时为他的"坐等构想"支付丰厚的报酬。

推理经常出错，因为它往往是根据一个人的已有经验作出的。而一个人从经验中得来的知识并非一定正确。通过创造性想象力得到的构想要可靠得多，因为它们的来源比大脑推理能力的来源更加可靠。

天才和普通发明爱好者之间的区别就在于，天才依靠创造性想象力工作，而普通爱好者对这种能力一无所知。科学发明家（比如爱迪生先生和盖茨博士）则同时对综合性想象力和创造性想象力进行了充分运用。

例如，开启了天才模式的科学发明家，在开始一项发明时，会利用自己的综合能力（推理能力）来组织，并结合已知构想或通过经验达成目的。如果这些知识还不足以完成该项发明，那么科学发明家就会运用创新能力从其他来源获取知识。每位发明家为完成发明而采取的方法会有所不同，但这些天才发明家的工作过程大致如下。

1. 他们使用刺激物来刺激自己的大脑，让大脑处于高于一般水平的状态和强度。

2.他们专注于该项发明的已知事实（已完成的部分），在脑中描绘出一幅未知事实的完美画面（未完成的部分）。他们将这幅画面保留在脑中，直至被潜意识接收。接下来，他们放轻松，清空所有思想，等待答案闪入脑中。

有些时候，答案很明确，也能迅速到来。而有些时候结果却很消极，因为其取决于第六感与创造力的发展程度。

爱迪生先生运用他的综合性想象力尝试了近万种不同的构想，最后他转而运用创造性想象力，才制作出了完美的白炽灯泡。在发明留声机的时候，他也有过类似的经历。

有许多证据可以证明，创造性想象力的确存在。这些证据是对各行各业未接受过充分教育却成为领导者的人进行准确分析后得到的。林肯是伟大领袖的著名代表，他通过探索和运用创造性想象力，取得了伟大成就。而这一切是因为他遇见了安妮·拉特里奇并接收到了爱的刺激。这是有关天才来源的一个重要事实。

历史书记载了很多因为爱人的直接影响而成就伟业的领袖。爱人们用性欲激发了他们大脑中的创造力。拿破仑·波拿巴就是其中一位。受到第一任妻子约瑟芬的激励，他在战场上勇往直前、所向披靡。在理智的引导下把约瑟芬抛在一边后，他便开始走下坡路，很快就遭遇了失败并被逐往圣赫勒拿岛。

如果你们允许，我可以轻易举出许多美国人民熟知的人物。他们在爱人的刺激与影响下登上事业的巅峰，后来却被金钱和权力迷昏了头，见异思迁，抛弃发妻，最后跌落谷底。如果性欲的来源得当，那么性欲的影响力可以比任何理性的替代物都更为强大。拿破仑不是唯一发现了这一点的人。

人类大脑会对刺激物做出反应！

而性欲就是这些最强大的刺激物中的一种。如果能得到驾驭并转换，这种力量可以让人进入一种更高的思想境界，从而控制他在低层次思想境界中产生的担忧和烦恼。

遗憾的是，只有天才发现了性欲的力量。其他人则只经历了性的冲动，却没有发现它的另一大潜能。正因如此，世上才有如此众多的凡人，却罕有天才。

让我们用一些人物传记中的事实来加深一下记忆。在此，我们列出几位杰出人士的名字，他们被公认为具有很强的性魅力。毫无疑问，他们从性能量的转化中找到了成为天才的力量源泉。他们的名字如下。

乔治·华盛顿	阿尔伯特·哈伯德
拿破仑·波拿巴	阿尔伯特·加里
威廉·莎士比亚	奥斯卡·王尔德
亚伯拉罕·林肯	伍德罗·威尔逊
拉尔夫·瓦尔多·爱默生	约翰·佩特森
罗伯特·彭斯	安德鲁·杰克逊
托马斯·杰斐逊	恩里克·卡鲁索

你也可以根据自己对人物传记的了解，将其他名字加入这

份名单，还可以在整个文明史中找到一位不依靠性力量而成就伟业的人物。

如果你不想依靠已故人士的传记来寻找答案，那就可以在当今成就卓越的人士中找一找，看看是否有哪位不具备很强的性魅力。

这个说法也许会引发许多争议，但性能量是几乎所有天才需要的能量。

当然，没有人会错误地认为，所有具有很强的性魅力的人都是天才！一个人只有在刺激物的作用下，通过创造性想象力汲取了力量，才能成为天才。而能够产生这种刺激作用的刺激物中，最主要的一项便是性能量。仅仅拥有这种能量是不足以成为天才的。必须将这种能量从单纯肉体接触的欲望转化为其他形式的欲望和行动，一个人才能成为天才。

大多数人不仅没有通过运用性能量而成为天才，反而因为错误地理解和使用这种力量，将自己降为低等动物。

为什么有的人 40 岁后才获得成功

我从对 25000 多人的调查分析中发现,很少有人在 40 岁之前取得杰出成就,更普遍的情况是,许多人一直到 50 岁以后才找到成功的门道。这个惊人的发现让我立刻认真投入对其原因的研究之中。我用了超过 12 年的时间来调查真相。

研究结果表明,大多数人在 40 岁或 50 岁之前容易过度沉迷于性欲驱使的肉体发泄,浪费了宝贵的精力。大多数人从来都不知道,除了肉体发泄之外,性冲动还有其他更为重要的潜能。而他们明白这个道理的时候,已经把精力浪费在了性欲最旺盛的那些年。但在那以后,他们通常会取得一些杰出的成就。

许多 40 岁左右的人,依旧浪费着他们的精力,没有通过更好的渠道对其加以利用。这些强大的情感被随意浪费。

性欲是目前所有刺激中最强烈也最有力的一种,正因如此,当我们能够驾驭这种欲望,并将其转化为行动而非肉体发泄时,它便有可能把我们带入天才的状态。

历史上不乏这样的案例,人们有时依靠酒精的刺激作用,使自己获得天才的地位。埃德加·爱伦·坡在酒精的作用下写出《乌鸦》一诗,"梦着凡人们从不敢做的梦"。而詹姆斯·莱利也在酒精的帮助下写出了一些惊世佳作。也许就是这个时候,他看到了"现实与梦想的有序结合,河上的磨坊,溪上的薄雾"。罗伯特·彭斯在刺激物作用下写下不朽的诗文,"为了昔日美好的时光,亲爱的,让我们干一杯友谊的酒,为了昔日美好的时光"。

但我们不要忘记,其中有许多人最后毁在了自己手里。大自然为我们准备了丰富的馈赠,比如,深沉的爱情、性的驱动和自我暗示的力量。人类大脑得到这些情感和力量的刺激,从而进入更高的水平,并得到了超凡而罕有的思想。但没有人知道这些思想来自何处!没有什么可以完全替代大自然给予我们的激励。

人类情感统治了这个世界,掌控着文明社会的命运。比起理性,人类行为更多地受到情感的影响。人类大脑的创造力完全受到情感的操控,而非冰冷的理性。而性的激情是所有人类情感中最强烈的一种。虽然还有其他刺激物,我们也列出了一些,但没有哪一项(即便把它们全都加起来)能够与性的驱动力相抗衡。

能够暂时或永久地大幅提升思想的自由度、强度和专注度的任何影响力,都是刺激大脑的物质。前面所提到的10种刺激物是最普遍的。通过这些刺激物,或它们的总和,一个人可以与无限智慧沟通,并进入潜意识(自己或是别人的潜意识)仓库。这就是一个人成为天才的过程。

一位培训过3万多名销售人员的导师有一个惊人的发现,即具有很强的性魅力的人通常是业绩最好的销售员。对这个现象的解释是,所谓的"个人魅力",其实指的正是性能量。有很强的性能量的人，总是充满了个人魅力。若能了解和培养这种重要能量，一个人就可以在人际关系中发挥其最大优势。这种强大的能量可以通过以下方式传递给他人。

1. 握手。手部接触可以立刻显示一个人是否具有吸引力。
2. 说话音调。魅力或性能量，可以为声音增色，让它听起来悦耳、迷人。
3. 动作和姿势。具有很强的性魅力的人动作轻快，并且优雅、自如。
4. 思想振动。具有很强的性魅力的人会有意无意地把性欲与思想相结合，并因此影响周围的人。
5. 服饰。具有很强的性魅力的人通常极为注重个人外表。他们会选择适合自己个性、身材和肤色的服装。

雇用销售人员的时候，能干的销售经理会把个人魅力当作销售员的第一要求。缺少性魅力的人永远不会充满热情，也无法用自己的热情去激励别人。无论推销什么产品，热情是销售工作最重要的因素之一。若是公众发言人、演讲者、律师或销售员缺乏了性魅力，往往就很难向他人施展自己的影响力。同时，大多数人只会被触及他们情感的东西所影响。如果明白了这两点，你就能理解性魅力作为销售员的天赋能力有多重要。顶尖销售员之所以业绩惊人，是因为他们在经意或不经意之间把性魅力转化为了销售热情。这句话很实际地反映了性转化的真正意义。

销售员如果懂得如何将精力、热情和决心从性的问题转移到销售工作上，他们便掌握了性转化的艺术。大多数成功实施了性转化的销售员并不知道自己正在做什么以及如何做到的。

大多数人对性的话题所表现出的无知程度简直不可原谅。性冲动被无知和邪恶的人误解、诽谤、嘲笑，甚至"性"这个字都带上了"淫荡"和"肮脏"的意思。那些我们所知的幸运地享有强烈性欲的人，往往遭人质疑，甚至鄙视。在别人眼里，他们并非正常的、健康的、幸运的，而是不正常的、有缺陷的，甚至是卑劣的。即使在这个文明开化的时代，还有几百万人错误地认为强烈的性欲是一种诅咒，因而产生了自卑心理。

但性能量有积极意义，不应该成为放荡生活的借口。只有被明智且有区别地加以使用时，性能量才能发挥其积极意义。如果使用不当（经常如此），那么它不仅无法丰富身心，甚至可能破坏身心。撰写本部分就是为了教导大家如何更好地使用这种能量。

几乎每一位我有幸分析的伟大领导者都是受到了爱人的激励才取得如此突出的成就，对我来说这是个重大发现。在许多情况下，他们的爱人是一个谦虚而忘我的人，公众对她们知之甚少，甚至完全不了解。

每一个明智的人都知道，过度饮酒而产生刺激感，是一种摧毁身心的不节制的行为。但不是每一个人都知道，过度放纵的性行为，也和酗酒、吸毒一样，是一种破坏创造力的行为。

一个沉迷于性的人其实和沉迷于饮酒的人没有什么本质的区别！他们都无法控制自己的理性和意志力。过度放纵的性行为不仅可能摧毁人的理性和意志力，也可能导致暂时或永久性的精神障碍。许多人患上臆想症（想象力的疾病），就是因为对性的真正功能缺乏了解而养成了不良习惯。

从这些有关性话题的简要介绍我们可以看出，对性转化的无知，一方面使无知者受到严厉的惩罚，一方面也使他们失去了丰厚的利益。

对性话题的普遍无知，是因为这个话题一直被神秘和沉默的阴云所笼罩。神秘和沉默对年轻人产生的心理影响就和禁令是一样的。它激发了人的更多的好奇心和欲望，使人想去获得有关禁忌事物的信息。而所有法律制定者和多数物理学家应该感到惭愧的是（虽然他们受过的训练使他们最有资格教育年轻人），这方面的适当信息一直都不易获得。

很少有人在40岁之前就开始从事有高度创造性的工作。普通人在40岁到60岁之间进入创造力的高峰期。这是在对几千人仔细观察与分析后得出的结论。对那些没能在40岁前达到目标的人以及恐惧衰老的人来说，这是一个鼓舞人心的消息。根据规律，40岁到50岁是最可能创造辉煌的年纪。一个人不应带着恐惧与担忧去迎接这个年纪，而应该满怀希望与期待。

很多人无法在40岁之前拿出最好的工作表现，如果你需要证据，不妨对美国人熟知的那些成功人士做一番研究，亨利·福特年过40岁才开始取得成就。安德鲁·卡耐基开始收获成果的时候也已年过40岁。詹姆斯·杰罗姆·希尔40岁的时候还在敲击电报按键，他也是在40岁之后才取得巨大成就。美国实业家和金融家的传记中遍布此类证据，充分证明对大多数人来说，40岁到60岁是最为硕果累累的年纪。

人们在30岁到40岁时，开始学到性转化的艺术（如果他们有机会学习的话）。基本上，这种探索是非常偶然的，而且他们对此并无觉察。他们也许发现自己取得成绩的能力在35岁到40岁之间大幅增强，但大多数情况下，他们并不清楚这一变化的原因：当一个人处于30岁到40岁之间时，大自然会开始调和其爱的情感与性的情感，使他能够运用这些强大的力量去刺激个人行动。

性本身就是一种能够刺激行动的强大动力，但它的力量就好比飓风——通常不受控制。当爱的情感开始与性的情感互相融合时，会让我们拥有稳定的目标、平静的心态、准确的判断力和平衡的生活。如果一个人到了40岁还不能知晓这些并用自己的经验来进行验证，他该是一个多么不幸的人。

当人们仅仅在性欲的驱使下去追求异性时，他们可能也通常可以成功，但他们的行为也许是无序的、扭曲的甚至是毁灭性的。若将爱的情感与性的情感相融合，这些人便会用清醒的头脑和平衡的心态去指导自己的行为。

犯罪学家发现，强烈的爱可以使一些铁石心肠的罪犯发生转变。却没有任何记录说明，仅依靠性的影响就可以转变一个罪犯。以上事实众所周知，但背后的原因不为人知。如果一个人可以被转变，那么这种转变是来自内心的，也就是他的情感，而不是通过他的大脑，即他的理性。"转变"的意思是"心灵的改变"，而不是"头脑的转变"。一个人也许会出于理性对自己的行为做出某些改变，以避免令人不悦的后果。但真正的转变只能是欲望驱使下的心的改变。

爱、浪漫和性都是可以促使人们去取得伟大成就的情感。爱是一个安全阀，能保证一个人身心平衡、心态平静，付出积极的努力。如果能将这三种情感结合，一个人便能被提升至天才的高度。然而，有一些天才几乎对爱一无所知。我们也许会发现他们中的大多数实施过破坏性的行动，或至少对他人不公正的行为。如果可以的话，我能列出十几个工业界和金融界的天才，他们冷酷无情地将自己凌驾于他人的权利之上。他们似乎完全丧失了良知。每一个读者都可以轻松地列出这样一份名单。

情感是一种心态。大自然赋予人类大脑进行"化学变化"的能力，其原理近似于物质的化学变化。大家都知道，通过化学反应，化学家可以混合几种不同成分，调配出致命的毒药，而每一种成分本身都是无毒的。同样，几种情感的混合也可以成为致命的毒药。如果性欲与嫉妒相结合，就会把一个人变成丧失理智的野兽。

人类内心的任意一种或多种破坏性情感，通过大脑中的化学变化，会产生摧毁一个人的正义感和公平心的毒药。在极端案例中，这些情感在大脑中的任意组合都会使人丧失理智。

天才之路包括了发展、控制，以及对性、爱、浪漫的恰当运用。在这个过程中，须要把这三种情感当作一个人的主导思想加以鼓励，同时尽量减少所有破坏性情感。大脑是习惯的产物。它根据得到的主导思想来自我发展。一个人可以通过意志力来减少任何一种情感并同时鼓励另外一种情感的发展。通过意志力来控制大脑并不困难。这种控制来自毅力和习惯。控制的秘诀就在于了解转化的过程。任何消极情感出现时，我们都可以通过简单地改变一个人的思想，将其转化为积极的或建设性的情感。

一个人也许可以单纯在性能量的驱动下，在一定时间内获得金融业、商业或其他领域的成就，但历史上不乏证据表明，这种人常常因为某种个性特质，被剥夺守住或享受财富的能力。这一点值得我们分析和思考，因为它说出了一个可能会让所有人得益的真相。忽视这个事实，会让成千上万人失去享受幸福的权利，即使他们已经拥有了财富。

爱的情感会让一个人呈现并发展自己艺术和审美的天性。即使爱的火焰早已随时空变化而熄灭，但它终会在一个人心中留下印记。爱的记忆从未逝去。在刺激消失之后，这种记忆仍然长久地留在心中，指引并影响着人们。这不是什么新鲜的事情。每一个曾被真爱打动过的人都知道，它会在人们心里留下永不磨灭的痕迹。爱的影响力长久不衰，因为它在本质上是精神的。那些缺少爱的刺激而不能登上事业高峰的人，很遗憾，已经没有希望。他们看起来活着，却早已如行尸走肉。即使只是爱的记忆，也足以让人获得更强的创造力。爱的力量会像火焰一样点燃自己，当它走时，也像火焰一样燃烧殆尽，同时留下不可磨灭的痕迹，证明自己曾炽烈地燃烧。一段感情结束后，人们通常会期待另一段更真挚的爱情。

有时候不妨回顾往昔，让自己沉浸于旧日美好的爱的回忆里。这会减轻你当下的担忧和烦恼，给你一个短暂逃避不如意的现实生活的机会。你的大脑也可能在这段短暂的休息期里，为你提供能够完全改变你经济地位和精神状况的构想或计划。

如果你因为自己爱过却又失去而感到十分不幸，那么你该放弃这种想法。一个真正爱过的人不会失去所有的爱。高兴时爱会翩然而至，走时却毫无预示。有爱时，请接受它，享受它，不要时时刻刻担心它会离开。担心并不能挽回爱。

不要认为真爱只降临一次。爱情来来去去，没有准确的次数，但没有哪两段爱情会以相同的方式去影响一个人。也许有（通常有）一段爱的经历在人的内心留下了特别深刻的印记，但其实大多数情况下爱是有益的，除非一个人在爱情结束后变得充满怨恨、愤世嫉俗。

如果我们理解了爱和性之间的差异，就不会对爱感到失望。这二者的主要差别在于，爱是精神层面的，而性是生理层面的。爱是化学变化，性是物理变化。用精神力量来打动人心的经历不可能是有害的，除非出于无知或嫉妒。

毫无疑问，爱是生活中最重要的经历。它赋予人们与无限智慧交流的机会。当爱、浪漫和性三者结合时，人们可以大步攀上创造力的阶梯。这三种情感是天才三角形的三条边，大自然正是通过这三种力量来铸造天才的，别无他法。

爱是一种情感，有许多层面和色彩。一个人对父母和子女的爱与他对心上人的爱是非常不同的。后者与性的情感相融合，而前者没有。

一个人在真挚友谊中感受到的爱与他对父母、子女、心上人的爱又有所不同，但它也是某种形式的爱。

还有其他形式的爱，比如对大自然的爱。但各种形式的爱中最强烈、最炽热的就是爱与性融合时的体验。如果一段婚姻缺少了爱与性结合的亲密体验，没有平衡好爱与性的关系，那么这段婚姻就不可能圆满幸福，也很难持久。仅仅依靠爱，不能给婚姻带来幸福感，仅仅依靠性也不行。但当这两种美好的情感相融合时，婚姻便会给人带来一种前所未有的精神体验。而当这二者再与浪漫结合，有限的人类大脑与无限智慧之间就不再有任何障碍了。人们便可以到达天才的境界，也就能掌握这"致富第10步"。

第十一部分　潜意识：桥梁

信心和恐惧是死对头。它们中只有一方能存活。积极情感和消极情感不会同时占据你的大脑，必有一种处于主导地位。

用积极的欲望冲动对潜意识施加影响

每个思想和感觉冲动都在大脑的潜意识里得到分类和记录。同时,许多思想会在这里产生或消失,就像从文件柜里取用文件一样。

大脑潜意识会接收感觉、印象或思想,无论其本质如何,都会被潜意识分类归档。你可以主动将任何你想要转变为物质或金钱等价物的计划、思想或目标植入自己的潜意识。潜意识会首先对结合了情感(比如信心)的主导欲望做出反应。

回想"欲望"这一部分中提出的 6 个行动步骤,以及第六部分中有关制订和执行计划的几个指示,你应该就能明白上一段所述内容的重要性了。

大脑潜意识夜以继日地工作。它通过某种尚未被了解的方式,从无限智慧那里汲取力量,利用最实际可行的媒介,自动将人的欲望转化为物质等价物。

你无法完全控制自己的潜意识,但你可以根据个人意愿,将任何希望转化为具体形式的计划、欲望和目标传达给它。请将第三部分中使用大脑潜意识的几项指示再阅读一遍。有很多证据可以证明,大脑潜意识是连接人类有限大脑和无限智慧的桥梁。通过它,人们可以从潜意识那里汲取力量。

潜意识的创造力是惊人的。它对一个人有不可估量的激励作用。每一次谈到潜意识，我都感到自己的渺小与卑微，也许这是因为我们对它的认识和了解少得可怜。潜意识是大脑的思考区域与无限智慧之间的沟通媒介，这个事实本身足以让人敬畏。

在你接受了潜意识存在的事实，以及它是一种可以将欲望转化为物质或金钱等价物的媒介之后，你就能明白"欲望"这一部分中所描述的各项指示有何重要意义。你也就能理解，为什么我们再三劝说你明确自己的欲望并写下来。你也能了解，毅力对于执行这些指导有多么必要。

"致富的13个步骤"所涵盖的各项指导可以激励你去获取接触并影响潜意识的能力。若首次尝试失败，不要灰心丧气。请记住，"信心"这一部分告诉我们，潜意识只能自觉、自愿地被习惯指引。你只是尚未建立起信心，耐心一些，坚持下去。

为了培养你的潜意识，"信心"和"自我暗示"这两部分中的许多内容会在本部分中被再次提及。记住，无论你是否努力去影响潜意识，它都会自动发挥作用。这也就是说，恐惧、贫穷的思想及其他消极思想，都会成为潜意识的刺激物，除非你能控制这些思想冲动，并把更加积极的精神食粮提供给你的潜意识。

潜意识不会停止工作！如果你因为疏忽而未能将欲望植入自己的潜意识，它便会选择任意一个进入该区域的思想。我们解释过，无论是消极还是积极的思想冲动，都会通过第十部分所述的4种途径源源不断地进入潜意识。

而目前你只须要记住，每天都有各种形式的思想冲动在你不知情的时候进入你的潜意识。其中一些思想是消极的，一些是积极的。你现在要做的就是抑制消极的冲动，并主动用积极的冲动对你的潜意识施加影响。

做到了这一点，你便掌握了进入潜意识之门的钥匙。而且，你能完全控制那扇门，把任何不良思想都挡在你的潜意识之外。

人类创造的一切事物最初都是以思想冲动的形式存在的。没有人可以创造出他大脑中从未构想过的东西。凭借想象力，思想冲动可以被制订成计划。经过控制的想象力可以被用来制订计划或目标，引导人们登上职业巅峰。

所有计划转化为物质等价物从而被有意植入潜意识的思想冲动，都必须通过想象力与信心结合。信心与计划和目标结合后，唯有通过想象力才能被传递给潜意识。

从这些叙述中你会发现，要想实现对潜意识的自主使用，须要综合运用本书描述的所有成功原则。

埃拉·惠勒·威尔科克斯[1]在她的诗中写出了她对潜意识的认识。

> 你永远也不会明白，
> 一个思想可以为你带来多少爱与仇。
> 思想是物质，有轻盈的翅膀，
> 比信鸽飞得更快。

---

1 埃拉·惠勒·威尔科克斯（1850—1919），美国著名作家、诗人。——译者注

> 它们遵循宇宙的法则，
> 每样物质都创造它自己的法则。

　　威尔科克斯女士很清楚一个事实——你大脑中产生的思想，也深深扎根于你的潜意识之中。在那里，它们对潜意识施加磁铁般的影响，进而通过潜意识被转换为物质等价物。

利用积极情感回避消极情感

大多数人都受到情感或感觉的支配,这是一个众所周知的事实。如果潜意识真的对于情感化的思想冲动有更快的回应,也更容易受其影响,那么我们就必须对这些重要的情感有所了解。

积极情感主要有7种,消极情感也主要有7种。消极情感会主动进入思想冲动,以确保自己最终进入潜意识。而积极情感则必须通过自我暗示原则,被注入我们希望传递给潜意识的思想冲动之中(相关指示请参见第三部分)。

这些情感,或者感觉冲动,也许可以被看成面包里的发酵粉,是它们促成了行动,将思想冲动由被动转为主动。所以,你应该明白,为什么与情感结合的思想冲动比起源自冷静理智的思想冲动更容易发挥作用。

你正准备影响和控制潜意识这个"内心的听众",以便向它传递你的金钱欲望,进而将其转化为金钱等价物。因此,你有必要知道如何接近这个"内心的听众"。你必须说它能听懂的语言,否则它不会听从你的召唤。它最熟悉的语言是情感或感觉的语言。所以,我在此举出7种主要的积极情感和7种主要的消极情感,你给潜意识传达指令时,便能利用积极情感而回避消极情感了。

7种主要积极情感

欲望

信心

爱

性

热情

浪漫

希望

还有其他一些积极情感,但这7种最有力量,并且最普遍被使用于创造性的工作中。只要掌握了这7种情感(只有通过不断使用,才能最终掌握),其他积极情感都会在你需要时为你所用。所以请记住,你正在阅读的这本书试图让积极情感填满你的内心,从而帮助你培养金钱意识。一个人不会因为内心充满了消极情感而培养起金钱意识的。

7种主要消极情感(请尽量避免)

恐惧

嫉妒

仇恨

报复

贪婪

迷信

生气

积极情感和消极情感不会同时占据你的大脑，必有一种处于主导地位。你有责任确保积极情感成为你内心的主导情感。而"习惯法则"能帮助你做到这一点。养成应用和使用积极情感的习惯，最终，它们会占据大脑的主导地位，让消极情感无从进入。

只有持续且严格地遵照这些指示去做，你才能掌控自己的潜意识。但凡大脑中有一种强有力的消极意念或情感，都足以破坏你从潜意识那里获得帮助的可能性。

我们为什么不能相信，这种能量同样联结了人类大脑与无限智慧呢？在有限的人类大脑和无限智慧之间，没有任何收费站。所以，只要你有耐心、信心、毅力、理解力和渴望沟通的真诚欲望，与无限智慧的沟通无须付费。而且，你只能自己去实现。花钱雇人替你祈祷，是没有用的。无限智慧不与委托人谈判。你要么自己去沟通，要么就别费力气。

信心是唯一能够让你的思想具备这种精神本质的媒介。信心和恐惧是死对头。它们中只有一方能存活。

第十二部分 大脑：思想的传播站和接收站

在合适的环境下，每个人的大脑都可以通过类似无线电传播的方式"接收"来自其他人大脑的思想冲动。

20多年前，我与亚历山大·格雷厄姆·贝尔博士和埃尔默·盖茨博士一起发现，人类大脑既是一个思想冲动的"广播站"，也是一个"接收站"。

在合适的环境下，每个人的大脑都可以通过类似无线电传播的方式"接收"来自其他人大脑的思想冲动。

将上文所述原理，与"想象力"这一部分中对创造性想象力的描述进行一个对比和思考。创造性想象力是大脑的接收装置，它会处理来自其他人大脑的思想。它也是一个人的意识或理性大脑与思想刺激物的4个来源之间的沟通媒介。（这4个来源是无限智慧、自己的潜意识、别人的大脑与别人的潜意识仓库，详见第十部分关于第六感的讨论。）

在创造性想象力的作用下，灵感和直觉会突然出现，两个或多个在高度专注状态下密切合作的人，通过创造性想象力的作用，似乎可以预知彼此的下一个想法、行动、观点，甚至说出的话。

因此，当大脑受到强刺激，或被调高振动频率时，它会更容易接收来自外部的思想冲动。这个加速过程会受到强大的情感力量（积极情感或是消极情感）的操控。

只有被某种主要情感调整或增强过的思想，才可以通过大脑这一"传播仪器"被输送到另一个人的脑中。

就强度和驱动力而言，性的情感位居人类情感之首。大脑受到性刺激时，比情绪平稳或情感缺失时，要活跃得多。（在此重申一下，"受到性刺激"中的"性"指的是受到控制并得到适当释放的强大且充满活力的性冲动。）

性转化的结果是思想和思考过程的能量提升，让创造性想象力似乎突然之间变得极易接受各种构想。在这种高能量状态下运转时，大脑不仅能吸引产生自其他人大脑的思想，也会让自己的思想产生一种感觉，正是这种感觉让一个人的潜意识能够接受思想并对其做出反应。

因此，你会发现，你将情感、感觉与你的思想相结合，再将它们传递给你的大脑潜意识，这一过程正是运用了这个传播原理。

潜意识是大脑的"发射站"，思想冲动通过潜意识被传播出去。创造性想象力是"接收装置"，思想冲动通过它被接收。这两个重要因素共同组成了大脑广播设备的发射和接收装置，除此之外，还有自我暗示原则，它是促使广播站运作的媒介。

"自我暗示"这一部分中给出的指示，已经明确且具体地教给了你将欲望转化为金钱等价物的方法。

操作大脑广播站是一个相对简单的过程。你只须熟记三个因素，并在你须要使用广播站的时候应用它们——潜意识、创造性想象力和自我暗示。至于通过什么刺激物可以将这三个因素付诸行动，前文已经作了描述。整个过程始于欲望。

无形的强大力量

世界发展到今天，已经能够认识看不见、摸不着的力量了。纵观历史，人们过分依赖他们的身体感官，将自己的认知限制于能够看见、触摸并估量的事物。

如今，我们正处于一个空前精彩的时代。这个时代让我们对周围的无形力量有了些许了解。也许我们会逐渐认识到，比起我们在镜子里看到的自己，"另一个自己"要更加强大。

人们有时会很轻松地谈及无形之物——无法通过5种感官去感知的东西。这时我们应该记住，所有人都受到看不见、摸不着的无形力量的控制。

整个人类都不足以抗衡或控制蕴藏在翻滚海浪里的无形力量。我们没有能力去理解让这个小小的地球悬于空中并阻止万物飞离地球的无形重力，更不用说掌控它了。我们完全屈服于雷暴天气带来的无形力量，我们在无形的电力面前显得如此无助。

对于看不见、摸不着的东西，我们还有许许多多的未知。我们还不了解泥土和大地中蕴藏的无形力量和智慧。而这种力量为我们提供了每一口食物、每一件穿上身的衣服和钱包里的每一元钱。

第十三部分　第六感：通往智慧殿堂

借助第六感的力量，当危险临近时，你会及时地得到警告并成功躲避；当机会降临时，你会得到通知并拥抱它。

神奇的第六感：创造性想象力

致富第13步，也就是最后一步，我们称其为"第六感"。

第六感就是大脑潜意识中被称为创造性想象力的那个部分。它是一个"接收器"，构想、计划和思想都是通过它闪入大脑的。这些想法的闪现有些被称作"直觉"或"灵感"。

第六感难以用语言形容！我们无法对一个尚未掌握该哲学其他原则的人描述第六感，因为他没有可以用来对比的知识和经验。

在掌握了本书中所有原则之后，你应该能够接受下面这个思想。

> 借助第六感的力量，当危险临近时，你会及时地得到警告并成功躲避；当机会降临时，你会得到通知并拥抱它。

随着第六感的发展，会有一个"守护天使"来帮助你，遵从你的指令，并随时随地为你开启通往智慧殿堂的大门。

除非你遵循本书给出的指示，或采用类似的方法，否则你无法判断上面的话是否可行。

我不是"奇迹"的信徒，也并非在宣扬"奇迹"，因为我对自然非常了解，知道自然从不偏离其设定的规律。有一些自然规律令人难以理解，于是出现了看似"奇迹"的东西。第六感是我所经历过最接近"奇迹"的东西，但这只是因为我不了解它是怎样运作的。

以前的我崇拜英雄，一直想模仿自己的崇拜对象。而且，因为努力模仿偶像时充满了信心，我能够模仿得非常成功。

我还没有完全丢掉崇拜英雄的习惯，尽管早已过了那个年龄。经验告诉我，成为伟人的最好方式就是模仿伟人，在感觉和行动上尽可能接近他们。

早在写作或努力在公众面前演讲之前，我就养成了一个习惯，就是通过模仿9个在人生和工作上让我印象深刻的人来重塑自己的性格。这9个人是拉尔夫·瓦尔多·爱默生、托马斯·潘恩、爱迪生、查尔斯·达尔文、亚伯拉罕·林肯、卢瑟·伯班克、拿破仑·波拿巴、亨利·福特及安德鲁·卡耐基。很长一段时间里，每天晚上，我会想象自己在与这些被我称为"隐形顾问"的人士一起开咨询会议。

大致流程是这样的：晚上睡觉之前，我闭上眼睛，想象这些人与我一起围坐在会议桌前；而我不仅有机会与这些心目中的优秀人士坐在一起，还可以作为会议主席主持这次会议。

在你吃惊地扬起双眉之前，让我告诉你，我总是带着非常明确的目标沉浸在每夜的幻想会议中。我的目标是重塑自己的个性，让自己变成那些杰出人士个性的综合体。我早已意识到，自己出生在一个愚昧和迷信的家庭。我必须克服这些障碍，所以刻意通过这种方法来重塑自我。

用自我暗示的方法塑造个性

作为一个曾研读心理学的学生，我知道，大家之所以成为今天的样子，都是因为他们的主导思想和欲望。我知道，每一个深植心中的欲望都会驱使我们寻求外部表达，从而将欲望转化为现实。我知道，在塑造个性的过程中，自我暗示是一个强大因素，而实际上，它也是能够塑造个性的唯一原则。

在这些幻想的会议中，我召集各位顾问，并让他们根据我的需要献计献策，我会这样对他们说：

> 爱默生先生，我希望从您那里学到关于自然的精彩知识，它让您的生活如此不凡。我要求您将那些帮助你理解和适应自然法则的所有品质，都植于我的潜意识中。我要求您帮助我获取所有能让我达到这个目标的知识。
>
> 伯班克先生，我要求您把那些让您与自然法则和谐共处的知识传授给我。您运用这些知识剥去了仙人掌的尖刺，让它成为一道佳肴。告诉我，如何让原先只长一片叶子的地方长出了两片叶子？如何给花朵增加更为绚丽与和谐的色彩，成功地做到"锦上添花"？
>
> 拿破仑先生，我希望通过模仿您，得到您激励人心的超凡能力，激发出更强大、更坚定的行动力。我还希望获

得如您一般的持久信心，您凭此信心转败为胜，克服了巨大障碍，成为主宰自己命运和机遇的王者，我向您致敬！

潘恩先生，我希望得到您的自由的思想以及表达信念的勇气与口才，它们使您异于常人！

达尔文先生，我希望得到您在自然科学领域展现出的过人的耐心和能力，它们使您在研究因果关系时排除偏见，客观公正。

林肯先生，我希望在自己的个性中塑造像您一样的强烈的正义感、永不倦怠的耐心、幽默感、对人性的理解力和包容心，这些都是您的独特个性。

卡耐基先生，感谢您让我选择了这项毕生的工作，它给我带来了强烈的幸福感和内心的平静。我希望对您的那些组织原则了解得透彻，因为您正是运用它们有效地建立起了一个伟大的工业企业。

福特先生，您给了我莫大的帮助，为我的研究工作提供了最重要的素材。我希望像您一样有毅力和决心，像您一样沉着冷静、充满自信。这些品质让您战胜贫穷，并组织、团结与简化了人类的工作。我希望依靠这些品质，沿着您的足迹去帮助其他人。

爱迪生先生，我把您的座位安排在我的右手边，因为您在我研究成功学的这段时间里与我开展了私人合作。我希望像您一样有用来揭示无数自然秘密的信心，以及不畏艰辛与失败斗争的精神。

我与想象中的顾问对话的方式，会依据我当前最希望获得的品质的变化而变化。我仔细研究过他们的生平记录。经过几个月的晚间会议，我惊讶地发现，这些想象中的人物变得非常真实。

让我意想不到的是，这9个人发展出不同的个性特点。比如，林肯总是迟到，还喜欢迈着庄重的步伐到处走。他进来时，步子非常缓慢，双手紧扣在身后。他偶尔会在经过我身边时停下脚步，把手放在我的肩头片刻。他总是一脸严肃，我很少看见他笑。国家的分裂令他心情沉重。

但其他几位就不是这样了。伯班克和潘恩常常沉浸于他们的机智对话，有些内容甚至会令其他顾问感到吃惊。一天晚上，潘恩建议我以"理性时代"为题，在我以前常去的教堂讲坛发表演讲。多位与会人士笑着对这个提议给予了由衷的赞赏。唯独拿破仑不这么看！他撇了撇嘴角，大声抱怨起来，于是所有人都转头惊讶地看着他。

有一次，伯班克迟到了。他进来时十分兴奋，解释自己因为一项正在进行的实验而迟到，他希望通过该实验让任何一种树都能长出苹果。潘恩奚落他说，男女间的所有烦恼正是从一个苹果开始的。达尔文开怀大笑，并建议潘恩在树林里采摘苹果时要格外留意那些小蛇，因为它们往往会长成大蛇。爱默生听了这番对话后说："没有蛇，就没有苹果。"而拿破仑评论道："没有苹果，就没有国家！"

每次会议结束后，林肯总是最后离开。有一次，他交叉双臂，倚靠在桌子的一端，并将这个姿势保持了好几分钟。我不想打扰他。最后，他缓缓抬起头，起身走到门前，而后又转过身，走回来，把手放在我的肩膀上，说道："我的孩子，如果想坚定不移地信守自己的人生目标，你需要极大的勇气。但记住，困难来临时，每个人都有自己的应对办法。逆境会培养出这种能力。"

一天晚上，爱迪生最先到场。他走过来，坐在我的左边。这是爱默生常常坐的地方。他对我说："你注定将亲眼见证生命奥秘的揭示。到时你会看到，生命是由巨大的能量或实体组成的，它们中每一个都与人类想象中的自己一样聪明。这些生命单位就像蜂窝里的蜜蜂一样聚集在一起，直到因不和谐而分开。和人类一样，这些生命单位也有不同的想法，经常进行内部斗争。召开这些会议很有好处，你能得到那些为内阁成员们服务一生的生命单位的帮助。它们是永恒的，绝不会死去！你的个人思想和欲望如磁铁，将这些来自伟大生命的生命单位吸引过来。只有那些友好的生命单位会被你吸引——那些符合你欲望本质的生命单位。"

其他顾问开始进入会场。爱迪生站起身，慢慢踱到他的座位旁。

当这一切发生的时候，爱迪生仍然在世。我后来去拜访他，并将这段经历告诉他。那一天给我留下了深刻的印象。他开朗地笑着对我说："你的假想比你认为的更加真实。"之后没有多加解释。

这些会议变得如此栩栩如生，我开始担心后果，于是有几个月不敢再做此幻想。这些经历太过离奇，我甚至担心如果继续下去，我会忘记它们仅仅是我的想象而已。

在我停止幻想大概6个月后，有一天晚上我被唤醒（也许只是我的错觉），看到林肯站在床边。他说："世界很快就会需要你的帮助。它即将经历一场混乱，以致人们失去信念、惊慌失措。请继续你的研究，完善你的哲学，这就是你的人生目标。如果出于任何原因而忽略它，你便将会回到原始状态，被迫回溯你已走过的千年历程。"

次日早上，我说不清自己只是做了个梦，还是确实醒来过。虽然我没搞明白，但我知道这个梦（如果它是个梦）在我脑海中如此逼真，于是第二天晚上我重新召开了幻想会议。

这一次，所有顾问都进入了会议室，围着会议桌，站在他们的老位置上，这时林肯举起酒杯说道："先生们，让我们一起举杯，庆祝这位朋友的回归吧！"

之后，我开始引入新鲜血液，顾问很快超过了50人，包括耶稣基督、圣·保罗、伽利略、哥白尼、亚里士多德、柏拉图、苏格拉底、荷马、伏尔泰、斯宾诺莎、康德、叔本华、牛顿、孔子、阿尔伯特·哈伯德、伍德罗·威尔逊以及威廉·詹姆斯。

这是我第一次鼓起勇气提起这件事。在此之前，我一直对此保持沉默，因为我知道，如果说出这些不寻常的体验以及我对这件事的态度，很容易遭人误解。而现在我已经能够大胆地将这些体验写成文字，因为比起从前，我如今已不那么在意别人的评价。人逐渐成熟的一个好处就是，有时成熟会为你带来更大的勇气，而你不再去理会那些不理解你的人怎么说、怎么看。

为避免误解，我想在此特别强调，虽然我的会议是纯粹假想的，顾问是纯粹虚构的，但正是这些人带我走上了精彩的冒险之路，重燃了我对伟大成就的向往，鼓励我不断创造和奋斗，并大胆表达自己的真实想法。

在人类大脑的细胞结构中有一个接受思想振动（一般被称为"直觉"）的区域。到目前为止，科学还没有发现产生第六感的器官究竟位于何处。但这不重要。事实上，人们确实能通过五种感官之外的途径接收信息。通常，大脑会在受到非同寻常的刺激时接收到这些信息。任何刺激情感、引起心跳加速的紧急情况都经常能激发第六感。驾车时差一点经历车祸的人都知道，第六感会在危急情况下出现，在千钧一发中帮我们化解危难，避免事故。

通过以上这些事实，我发现自己的大脑最容易在我与"隐形顾问"会面期间接收来自第六感的观点、构想和知识。毫不夸张地说，我应该把自己受灵感启发的所有想法、事实和知识都归功于这些"隐形顾问"。

有数十次，当我处于危难之中时，一些隐形顾问因为担忧我的危险处境而给予我神奇的指引，帮我渡过难关。

我最初召开假想会议的目的，只是通过自我暗示法则来影响我的潜意识，让我获得某些自己渴望的个性特征。而近些年来，我的实验开始有了完全不同的效果。我现在会向假想顾问们请教自己面对的各种难题。尽管我并不完全依赖这种方式，但结果往往令人震惊。

你也许会认为本部分的话题对大多数人来说比较陌生。其实第六感的话题对于那些想要积累巨额财富并成就伟业的人来说，既充满趣味，也不乏益处。但对于那些没有强烈欲望的人来说，这个话题就没那么重要了。

毫无疑问，亨利·福特理解并使用了第六感。他的庞大事业令他必须理解和使用这项原则。爱迪生理解并将第六感运用在发明创造上，尤其在缺乏个人经验和现成知识指导的情况下，比如他研究留声机和摄影机的时候。

几乎所有影响深远的人物都在使用他们的第六感，比如拿破仑、俾斯麦、圣女贞德、耶稣基督、释迦牟尼、孔子和穆罕默德。他们取得的大部分成就都可归功于他们对这一原则的理解。

第六感不是一个人可以凭借主观意愿做出取舍的东西。使用这种强大力量的能力，必须通过应用本书所述的各项原则来逐渐获得。很少有人在40岁之前就懂得如何使用它。一个人通常在年过50之后才能获得这种能力。因为在此之前，与第六感密切相关的精神力量还未成熟，必须经过多年的冥想、自省和认真思考才能为人所用。

无论你是谁，怀着何种目的阅读本书，即使尚不理解这一部分所描述的原则，你也可以从中获益。如果你的主要目标是积累金钱和其他形式的物质财富，那它对你就更有益处了。

之所以写这一部分，是因为本书旨在呈现一个完整的理论，给每个人提供正确的指引，让他们获得任何想得到的东西。一切成就的起点都是欲望，而终极目标则是认识——认识自我，认识他人，认识自然规律，理解幸福。

熟悉并运用了第六感，可以认识得更全面。因此，将这个原则纳入本书的原理之中，对那些不仅仅渴求金钱的人来说很有好处。

读完这部分，你一定会注意到，在阅读时，自己被提升到了一个很高的精神刺激层面。这很好！一个月之后再把这一部分读一遍，你会发现自己的思想飞升到一个更高的层面。不时回顾这种体验，不要在意当时学到了多少，因为最终你会发现自己掌握了一种能力，它使你抛开所有失意，战胜恐惧，克服拖延症，随心所欲地运用想象力。然后你会感受到某种未知的东西，它是每一位真正伟大的思想家、领导者、音乐家、作家、科学家和政治家背后的精神动力。到那时，你便可以把自己的欲望转化为物质或金钱等价物，并且就和在挫折面前轻言放弃时一样轻松。

尾声　如何战胜6种恐惧幽灵

了解你必须除掉的 3 个敌人——犹豫、怀疑和恐惧。

做个自我评测，找出阻碍你成功的恐惧幽灵

在成功地运用思考致富哲学之前，你必须先做好心理准备。准备工作并不困难，但你首先要做一个研究和分析，了解你必须除掉的3个敌人——犹豫、怀疑和恐惧。

只要其中任意一种负面情感存在于你的大脑中，第六感就无法发挥作用。这3种负面情感联系密切，如果你找到了其中一种，另外两种便近在咫尺。

犹豫是恐惧的幼苗！阅读时请记住这一点。犹豫会变成怀疑，这两者的结合就形成了恐惧！二者结合的过程通常很缓慢，这也是为何它们如此危险的原因。它们会在你毫无觉察的情况下生根发芽。

本部分接下来的部分将告诉你，在你实际应用整套思考致富哲学之前，必须首先铲除这3大敌人。同时，本部分分析了导致许多人陷入贫困的情形，也讲述了所有渴望致富者都必须了解的一个事实，无论你渴望的财富是金钱，还是比金钱更宝贵的心态。

现在，让我们来关注一下6种基本恐惧的产生原因和补救办法。战胜敌人之前，我们必须了解它们的名字、习惯和位置。在你阅读时，请认真地做一个对自己的评测，看看你是否有这6种常见的恐惧。不要为敌人的狡猾习性所蒙蔽。它们有时藏身于潜意识之中，很难定位，更难根除。

6种基本恐惧

基本恐惧有 6 种，人们总是会受到其中一种或多种的影响。对大多数人来说，只要没有受到这 6 种恐惧的影响，就是一件幸事。

若以最常见的表现形式来排列，它们是：

恐惧贫穷（存在于大多数人的心里）；
恐惧批评；
恐惧疾病；
恐惧失去爱情；
恐惧衰老；
恐惧死亡。

其他恐惧没有那么重要，都可以被归于这 6 大类别之中。

这 6 种恐惧的存在是对世界的诅咒，它们会周期性地出现。经济大萧条时期里，我们有整整 6 年时间都在恐惧贫穷的怪圈里挣扎。第一次世界大战期间，我们总在恐惧死亡。战后，我们恐惧疾病，那时传染病在全球蔓延。

恐惧不过是一种心态。本书已多次提到，一个人的心态是可以被控制和引导的。

有人不明白，为什么某些人可以走运，而其他具备相同或更多能力、训练、经验和知识的人却遭遇不幸。对于这个重要的事实，我们给出的解释就是，所有人都有能力完全控制自己的大脑，显然凭借这种控制力，所有人都能打开大脑，接受来自他人大脑的"流浪"的思想冲动，也可以紧闭大脑，只允许自己选择的思想冲动进入脑中。

对思想的控制是自然赋予人类的一种控制力。这种控制力与"人类创造始于思想"的事实相结合，就能使人非常接近驾驭恐惧。

如果"所有意念都会表现为其实体等价物"的倾向是真实的（毫无疑问这是个事实），那么"恐惧贫穷的思想冲动无法被转化为勇气与经济利益"的说法就是正确的。

1929年华尔街崩盘之后，美国人开始担心贫困。这种大众思想的发展虽然缓慢，但最终被转化为其实体等价物，也就是经济大萧条。这个结果不可避免，符合自然规律。

贫穷和财富之间没有折中！贫穷和财富永远背道而驰。如果你想得到财富，就必须避免一切导致贫穷的情况发生。（这里的"财富"是一个广义的概念，指的是财务、精神、心理和物质层面的资产。）致富之路始于欲望。本书第一部分已经为你提供了恰当使用欲望的详细指南。在这个关于"恐惧"的部分里，你将学到如何做好实践欲望的心理准备。

在此之后，你将做一个自我测评，准确测定自己对这一哲学的掌握情况。

如果你读了下文后，仍然愿意接受贫穷，那么你可以选择迎接它。但你必须下定决心。

如果你想得到财富，请决定哪一种财富、多少财富能够令你满足。你已经知道财富之路怎么走，也已经得到了地图，如果按照地图的指示来走，你就不会迷路。如果你犹豫不前，或半途而废，那么怪不得别人。这是你自己的责任。没有任何借口可以帮你开脱。如果你不敢去追寻，或拒绝了人生中的财富，那只可能是因为一样东西，一样你完全可以控制的东西——心态。心态是一个人自发的，你买不来的，只能靠自己去创造。

恐惧贫穷不是别的，就是一种心态！这样的心态足以破坏一个人在任何行业取得成功的机会。在每一个经济困难和不稳定的时期，这个事实都尤为明显。

恐惧贫穷破坏人的理性和想象力，扼杀自立能力，减退热情和主动性，导致目标不明，助长拖延行为，让人无法自控。它使人失去个性魅力，破坏准确思考的能力，分散注意力，扼杀毅力与意志力，摧毁抱负，抹平记忆，以各种方式将人引向失败。它谋杀爱情和内心的各种美好情感，破坏友谊并招致各种灾难，使人失眠、抑郁与不幸。尽管我们生活的世界充斥着各种能够满足欲望的东西，也没有什么东西横亘在我们与欲望之间，但若是缺少明确的目标和计划，你仍然无法实现欲望。

显然，恐惧贫穷是6种基本恐惧中最具有破坏力的。它被列于首位，因为驾驭这种恐惧最为困难。你需要极大的勇气去说出这种恐惧的真实来源，用更大的勇气去接受这个事实。

人们对贫穷的恐惧不足为奇。通过世代积累的经验，人们已经确信，在涉及金钱和财产的问题上，许多人都不可信任。这个说法有点偏激，但它是事实。

很多婚姻被促成的原因是婚姻一方或双方掌握财富。这同样也是办理离婚案件的法官工作繁忙的原因。

自我分析会暴露一个人不愿意承认的缺陷。这种自我审视的做法对于那些不安于平庸与贫穷的人来说是非常必要的。请记住，当你根据各项逐一审查自己时，你既是法官，也是陪审团；既是检察官，也是辩护律师；既是原告，也是被告——接受审判的就是你。坦然面对事实，向自己提出明确的问题，要求自己做出直接回答。当审查结束，你会对自己了解得更深。如果你感觉自己在这场审查中并不是一个公正的法官，那么邀请一个了解你的人，在你自我盘问的时候充当法官。你要得到的是真相。无论付出什么代价，即使让你暂时尴尬，你也要找到它。

在被问及最恐惧的事物时，大多数人会回答："我什么也不怕。"这个回答并不正确，因为很少有人能意识到他们被某种恐惧所束缚或阻碍，并在精神和肉体上受到折磨。恐惧的情感如此狡猾且隐蔽，一个人可能一生都背负着它，却毫无察觉。只有勇敢地自我剖析才可以揭示这个人类公敌的存在。在你剖析自我时，须要探查到性格深处。接下来列出你须要去探查的几种表现。

冷漠。通常的表现：缺乏抱负；愿意容忍贫穷；接受生活的任何不公，不做反抗；内心和身体的惰性；缺少主动性、想象力、热情和自控力。

犹豫。习惯于让别人替自己去思考；踟蹰不前。

怀疑。通常表现为使用借口来掩饰和解释个人的失败，有时表现为嫉妒和批评成功者。

忧虑。通常的表现：挑剔他人的错误；忽视个人形象；愁眉不展；过度饮酒；紧张，不冷静；缺乏自我意识和自立能力。

过分谨慎。习惯于寻找每件事的消极一面，思考和谈论可能会有的失败，而不是专注于找到成功的方法；了解所有通往灾难的途径，却从不制订计划避免失败；总是等待将构想和计划付诸实践的"正确的时机"，直至等待成为一种永不改变的习惯；记得所有失败者，却忘记成功者；看得见甜甜圈中间的空洞，却忽略了甜甜圈本身；生活态度悲观，进而引发消化不良、排便不畅、毒素堆积、呼吸困难以及暴躁易怒。

拖延症。习惯把早该完成的事情往后拖延。将大量时间花在寻找借口上，而不是用来完成工作。这个表现与过分谨慎、怀疑和忧虑有紧密联系。只要能逃避责任，就拒绝承担；宁愿妥协，也不愿去争取；向困难低头，而不是战胜困难，把它们当作提升自我的踏板；向生活索要蝇头小利，而非渴望发展、机遇、财富、满足与幸福生活；总是计划如何去面对失败，而非寻求转机；缺乏自信心，挥霍无度，缺少明确目标、自控力、主动性、热情、抱负和推理能力；等待贫穷，而非寻求财富；与接受贫穷的人为伍，而非与那些渴望并得到财富的人做伴。

有人问我："你为什么要写一本跟钱有关的书？为什么只以金钱来衡量财富？"他们当然有理由认为，还有其他形式的财富比金钱更令人向往。是的，的确有一些财富无法用金钱来衡量，但也有许多人会说："把我需要的钱给我，我就能找到其他一切想要的东西。"

我写这本关于如何致富的书，主要是因为全世界人民刚刚经历的这个时期让数百万男女陷于对贫穷的恐惧中。至于这种恐惧会对一个人造成什么样的影响，韦斯特布鲁克·佩格勒在《纽约世界电讯报》中作了详细描述。

金钱只是贝壳、金属片或纸片，有许多心灵的财富是金钱买不到的，大多数破了产的人却无法认识到这一点，无法保持其精神的力量。当一个人身无分文、流落街头，而且找不到工作时，他的精神会发生变化，可以从他低垂的双肩、戴帽子的方式、他的脚步和眼神中看出。与有固定工作者在一起时，他无法摆脱低人一等的感觉，即便他知道他们在个性、智力和能力上都无法与自己相提并论。

而身边人（即便是他的朋友），也会产生一种优越感，并且也许无意中把他当成受害者来对待。他也许可以依靠借钱过一阵子，但这不足以维持他以往的生活水平，他也不可能总去借钱。当一个人依靠借钱过活的时候，借钱这件事本身就是非常令人沮丧的。借来的钱不如赚来的钱那么有力量，那么振奋人心。当然，这里说的不是惯于游手好闲的人，而是那些有抱负和自尊心的人。

相同困境中的女人却不一样。说到穷困潦倒的人，我们可能根本不会想到女人。她们在人群中不像男人那样具有清晰的特征。当然，我不是说城市街道上那些蹒跚前行的老妇人，我指的是那些年轻、体面的智慧女性。她们中一定也有许多经济困难的人，但她们的绝望并不明显……

当一个男人穷困潦倒时，他就有了思考的时间。他可能会为了一份工作不远千里去见一个人，然后发现这个职位已经招满，或者这个工作没有底薪，只能靠销售一些没人要的无用小物件来获得佣金。拒绝这份工作后，他发现自己又回到街上，无处可去，四处逛荡。于是他不停地走。他看见商店橱窗里陈列着不属于他的奢侈品，不禁感到自卑，于是为那些停下脚步饶有兴趣观赏的人让开道路。他闲逛到火车站，或走进图书馆里稍作休息，取取暖，但这不是在找工作，所以他还得继续出发。他也许没有觉察，但他漫无目的的样子已经泄露了他的处境，即便他的外貌并无异样。他也许穿着从前拥有稳定工作时留下的衣服，但衣服掩饰不住他的萎靡不振。

他看到了许许多多的人，书店老板、文员、化学家……他打心眼儿里羡慕他们可以为工作奔波。他们是独立的，有自尊心和人格魅力。他无法相信自己是一个优秀的人，即使他每时每刻都在努力争辩，有时也会得到有利的结论。

如果有点儿钱，他就能重新做回自己。

没有人能说清，对批评的恐惧最初是如何产生的，但有一点可以确定——它是一种高度发展的恐惧。我想把这种基本恐惧归结为人类与生俱来的天性。人类不仅会夺走他人的物品，也会通过批评他人的人格来使自己的行为合理化。众所周知，小偷有时会贼喊捉贼，而政客不是通过展现自身优点和资质来竞争，而是通过诋毁对手获胜。

恐惧批评有很多表现，大部分体现在生活小事上。精明的服装制造者迅速利用了这种存在于每个人心中的恐惧。每一季的服装风格都在变化。穿衣风格究竟由谁规定？自然不是由消费者决定，而是由服装制造商。他们为什么要频繁更换风格呢？答案显而易见。只有更换风格，才能卖出更多衣服。

同样，汽车制造商每一季都会改变车型（几乎无一例外）。没有人不想驾驶一辆最新款的汽车，即使老车型实际上质量更好。

上述事例是人们在生活小事上恐惧批评的表现。现在让我们来看看，恐惧批评在人际关系这种更重要的事情上会对人们造成什么影响。举个例子，如果让你洞悉一个成熟人士（通常在35岁至45岁之间）的隐秘想法，你会发现他对于那些教条主义者几十年来告诉大众的多数故事都保持坚定的怀疑态度。

然而，你不常遇到一个敢于坦承想法的人。很多人在压力之下会选择说谎。

为什么一般人即使在文明时期也不愿承认自己不相信那些

荒诞无稽的教条呢？答案就是"恐惧批评"。从前有许多男女因为大胆地表达自己对神灵的怀疑而被烧死在木桩上。显然，我们继承了"恐惧批评"的意识。这种意识产生的时期，正是批评伴随着严酷刑罚的时期。这个现象距离现在并不久远，而且在许多国家依然存在。

恐惧批评剥夺了人们的主动性，破坏了想象力，限制了个性发展，夺走了自立能力，并以其他多种方式形成伤害。家长如果经常批评孩子，会对他们造成不可挽回的伤害。我的一个童年伙伴的母亲经常用鞭子抽打他作为惩罚，而且结束时总是说："你会在20岁之前进监狱的。"结果他17岁时被送进了教管所。

批评是人们过量提供的一项"服务"。每个人都保存了一大堆批评意见，无论别人是否需要，都会免费奉上。最亲近的人往往是最严厉的批评者。家长对孩子施加毫无必要的批评，会让孩子在内心产生自卑感，这都应该被看成一种罪行（实际上，它是最严重的罪行）。对人类本性有所了解的雇主会提供建设性意见来帮助员工发挥潜力，而非通过批评。家长也可以在孩子身上获得同样效果。批评会让人们在心中长出恐惧或仇恨的大树，却培植不出关爱。

恐惧批评和恐惧贫穷一样无处不在，并且同样会成为一个人成功路上的绊脚石。这种恐惧会摧毁一个人的主动性，阻碍想象力的发挥。主要表现如下。

自我意识。一般表现为与人谈话和与陌生人见面时紧张、胆小、手足无措、目光游移。

缺乏镇定。声音失控，在他人面前紧张，动作笨拙，记忆力差。

缺乏个性。缺乏决断力和个人魅力，缺乏明确表达个人观点的能力；习惯于逃避问题，而不是直面问题；不经仔细思考就附和他人的意见。

自卑。习惯在口头和行动上进行自我赞许，以此掩盖自卑心理；使用夸张的言辞来引起他人的注意（却经常不了解所用词汇的真正含义）；在穿着、言谈和举止方面模仿他人，夸耀不符事实的成就，有时会造成一种充满优越感的表象。

挥霍无度。喜欢像有钱人一样花钱，结果往往入不敷出。

缺乏主动性。无法把握住自我提高的机会；害怕表达观点，对自己的想法缺乏信心，对领导的问题给予模棱两可的回答，言谈举止犹豫不决；欺瞒他人。

缺乏抱负。身心懒惰；缺乏主见，无法快速决策，容易受他人影响；喜欢对他人当面奉承却背后批评；习惯于不经反抗就认输，遭到反对就放弃；毫无理由地怀疑他人，言行举止不得当，犯错却不愿受人指责。

这种恐惧可以追溯到身体与社会的遗传性，它的根源与恐惧年老、对疾病的恐惧死亡的原因有密切的联系。它把我们带到了恐怖世界的边缘，而对于这个世界，除了一些骇人听闻的故事，我们几乎一无所知。同时，一些夸大医药和保健品的疗效的不道德人士，不断让我们保持对疾病的恐惧。

主要说来，我们恐惧疾病是因为心中被植入了死亡来临时的恐怖景象。除此之外，疾病造成的巨大经济负担也是原因之一。

据一位知名内科医生的统计，在就医的人当中，75%的人患的是臆想病（和胡思乱想有关的疾病）。这个数据表明，对某种疾病的恐惧，即使毫无来由，也往往会引发该疾病。

人的心理作用太强大了！它既可以成就一个人，也可以毁掉一个人。

利用人类恐惧疾病的普遍弱点，药品的销售者们收获了大笔财富。这种针对人类易受骗的弱点而进行的掠夺利益的行为在几年前非常嚣张，以至于《科利尔周刊》开展了一项打击相关药品生产者、销售者的活动。

几年前进行的一系列实验证实，仅仅通过暗示就可以使人生病。实验请来"受害者"的三个熟人。每一个人在拜访他时都要问一个问题："你怎么了？你看起来病得很厉害。"面对第一个提问者，受害者通常会微微一笑，漫不经心地说："哦，没什么，我挺好的。"给第二个提问者的答案往往变成："我不知道，但我确实感觉不太好。"而面对第三个提问者，受害人通常会坦言，自己确实生病了。你可以在朋友身上做这个实验，看看是否会引起他们的不适。但不要做过头，因为有些人可能会因为别人的暗示而发展出严重的病症来。

有大量证据表明，疾病有时源于消极的思想冲动。这种思想冲动会以暗示的方式，由一个人传给另一个人，或者由一个人在大脑中创造出来。

有人曾经说过："当别人问我'怎么了'的时候，我总想揍他一顿。"这个人比上述实验中的受害者要聪明得多。

内科医生有时会为病人的健康着想，让他改变生活环境，因为心态的改变是必要的。恐惧疾病的种子埋在每个人的心中。担忧、恐惧、沮丧、失恋或事业失败，都会让这颗种子生根发芽。每一种负面思想都可能引发疾病。

恋爱和事业的失败是引发"恐惧疾病"的首要原因。有一个年轻人因为情场失意而生病住院。几个月来，他都深陷抑郁之中。于是大家找来一位心理治疗师。心理治疗师让一位非常有魅力的年轻女士来照顾这个病人。她从工作的第一天就开始对病人百般关爱。不到三周的时间，病人就出院了，虽然病还没好，病因却完全不同了——他又恋爱了。虽然这种治疗方法是一个骗局，但这个病人和护士后来真的结婚了。在我写作本书的时候，他们俩过着健康幸福的生活。

恐惧疾病是一种普遍存在的恐惧。它有以下这些表现。

不恰当的自我暗示。习惯寻找并预期找到所有疾病的各种表现，给自己施加负面暗示。"享受于"假想的疾病，并把它当作事实来讨论。喜欢关注别人推荐的所有"流行方法"和"学说"，认为其具备治疗功效。沉迷于了解手术、意外以及其他疾病的所有细节。在没有专业人士的指导下尝试各种饮食、运动和减肥方法。过分依赖或过多尝试家传秘方、药品和"江湖郎中"的药方。

臆想症。习惯于讨论疾病、关注疾病，总是预计自己会生病，直至精神出现问题。没有任何药品可以治疗这一病症。它源于负面思考，只有积极的态度才能祛除臆想症。

缺乏锻炼。对疾病的恐惧通常会干扰正常的体育锻炼，导致一个人不爱进行户外运动，从而体重超标。

抵抗力弱。对疾病的恐惧会打乱身体的自然防御系统，为人们可能接触到的各种疾病创造条件。恐惧疾病与恐惧贫穷有联系，尤其在臆想症这个问题上。有些人一直担心医疗费用的问题，于是花费大量时间做生病的准备、讨论死亡、为丧葬费用存钱等。

自怜。习惯利用假想的疾病来引起他人的同情。（人们通常利用这个伎俩来逃避工作。）习惯假装生病来掩盖自己的懒惰，作为缺乏抱负的托词。

生活放纵。习惯利用酒来消除头痛和神经痛等病症引起的疼痛，而不是去治疗病症。习惯于阅读与疾病有关的信息，担心患重病。喜欢听、读或观看药品的广告。

恐惧失去爱情是与生俱来的，其最初来源无须赘述，在男性方面，显然来源于男性渴望多妻的天性和偷窃他人之妻的习性；在女性方面，来自女性的母性本能，以及在怀孕和抚养孩子的早期阶段对男性保护的需求。因此，在恐惧失去爱情和伴侣方面，男性和女性都有其生理和行为上的原因。

人类因为天生害怕失去爱情和爱人的陪伴而没有安全感，容易产生嫉妒及精神疾病。这种恐惧是6种基本恐惧中最痛苦的，比起其他几种，它对人身心的损害最大，甚至会引发严重的精神问题。

恐惧失去爱情的突出表现有以下几种。

嫉妒。喜欢在缺乏可靠证据的情况下怀疑朋友和爱人（嫉妒有时会毫无理由地表现出暴力倾向）；习惯于无理地指控妻子或丈夫不忠；对每个人都心存怀疑，不相信任何人。

吹毛求疵。常常因为一些小问题而毫无理由地挑剔朋友、亲戚、商业伙伴和爱人。

赌博。习惯于赌博、偷窃、欺骗；愿意冒险用金钱换取爱人的欢心，认为爱情是可以购买的；为博得好感，习惯用透支或借钱的方式来为爱人购买礼物；容易失眠、紧张；意志薄弱，缺乏毅力、自控力和自立能力；脾气暴躁。

恐惧衰老主要有两个来源：一是认为衰老会带来贫穷；二是过去错误而残酷的教条，把衰老与火、硫酸及各种妖怪一起当作恐吓人们的工具，以此禁锢人们的思想。后者是目前最普遍的看法。

人们对衰老的恐惧有两个充分的理由。一是对他人不信任，认为别人会夺取自己掌握的一切物质财富；二是对"往生世界"的恐怖印象，这是在掌握理性力量之前的"社会传承"。

人老后更有可能患上各种疾病，这也是产生这种恐惧的一个原因。性欲会让人恐惧衰老，因为没有人希望看到性魅力和性行为的衰减。

恐惧衰老的最普遍原因与贫穷有关。想到自己可能将在贫穷中度过余生，并且要一直担心如何满足温饱和老年人的特殊需求，每个人脑海中都打了个冷战。

恐惧衰老的另一个原因是可能失去自由和独立，因为衰老会让人失去身体和经济上的自由。

恐惧衰老普遍表现为以下几种。

行动迟缓。大约在50岁（心理成熟的年纪）有了行动迟缓的倾向，并产生了自卑感；错误地相信自己是因为年纪增长而能力减退。（事实上，一个人最有成就的时期是他心理和精神都成熟的时候，大概在50岁到60岁之间。）

对自己六七十岁的年纪感到抱歉，而不是为自己到达充满智慧与包容心的年龄而心存感激。

错误地认为自己因为年纪太大而不再拥有主动性、想象力和自立能力。

对一些人来说，恐惧死亡是所有基本恐惧中最残忍的一种。原因显而易见。几千年来，人们一直在问："我们来自何处？""我们去往何方？"却没有得到答案。

在历史上的黑暗时期，一些狡猾的人毫不犹豫地提供了答案，却让人付出了生命的代价。

那个时候，世上没有这么多优秀的高等院校，对死亡的恐惧要比今天流传得更广。如今，科学家让世人关注真相，于是人们很快从死亡恐惧中得到了解脱。高等学府里的年轻人不再轻易被"火烧"和"硫黄"这样的字眼吓到。在生物学、天文学、地理学和其他相关学科的帮助下，黑暗时期那控制了人们思想并摧毁了理性的恐惧感，被一扫而空。

精神病院里曾经住满了因为恐惧死亡而发疯的人。但事实上，恐惧死亡毫无意义。死亡终会到来，无论你是否整天惦记着它。接受它的必然性，然后不再去想它。它必然会发生，从来没有人能够侥幸逃脱。只是它并没有想象的那么可怕。

这种恐惧的普遍表现是一个人经常想到死亡，却不去充分享受生活。这通常是因为他没有目标和合适的工作。这种恐惧在年长者中比较普遍，有时年轻人也会害怕死亡。

治疗这种恐惧的最佳办法就是有一个建功立业的强烈欲望，通过为他人提供有效的服务来实现欲望。忙碌的人无暇顾及死亡。他们的生活如此精彩，不该用来担忧死亡。有时，恐惧死亡和恐惧贫穷紧密相关，因为人们担心自己的死亡会让亲人生活困窘。此外，疾病和身体的抵抗力下降也会导致对死亡的恐惧。人们恐惧死亡的最常见原因是疾病、贫穷、没有合适的工作、情场失意、精神紊乱。

忧虑是一种因恐惧而产生的心态。它的作用缓慢却持久。

它隐藏很深，不易觉察。它会一点一点地渗入，瓦解一个人的理智，摧毁他的自信和积极性。忧虑是由犹豫不决引起的持续的恐惧感，因此，它是一种可以被掌控的心态。

心态的不安很难医治。犹豫不决造成了心态的不安。大多数人缺乏果断决策及持之以恒的意志力，即使在正常的经济环境中。而在经济萧条时期（就如我们正在经历的这个时期），人们不仅出于天性在决策上举棋不定，也容易受到犹豫不决的大众心理的影响。

在国际经济下滑的时期，整个世界都充满了"恐惧病"和"忧虑症"，它们具有快速传播性。已知的解药只有一种：快速而坚定地作出决定。而且，每个人都必须亲自使用这种解药。

一旦我们作出决定，采取明确的行动，我们就不会再为各种情况而担忧。我采访过一个两小时后将被处以电刑的人。他是全部8个死刑犯中最平静的。他的平静让我不由问他，即将面对死亡是一种什么感受。他脸上带着自信的微笑说道："感觉很好。兄弟，你只须要想，'我的麻烦很快就结束了'。我这辈子麻烦不断。想要吃饱穿暖真的很难，可我很快就不再需要这些东西了。自从知道自己必死，我就感到如释重负，决定愉快地接受自己的命运。"

他一边说一边大口吃下了足够三个人吃的东西，每一口都塞得满满的，吃得非常高兴，似乎没有任何灾难在前面等待。这个人的决断力让他能够与生活平静地告别。决断力还可以让一个人不屈服于逆境。

6种基本恐惧会通过犹豫不决转化为担忧和焦虑。如果你能作出决定，把死亡当作一件不可避免的事去接受，你就能消除对死亡的恐惧；如果你能作出决定，坦然接受自己的财富现状，你就能消除对贫穷的恐惧；如果你能作出决定，不再担心别人怎么评价你，你就能终结对批评的恐惧；如果你能作出决定，不再把衰老看成一个障碍，而是一笔宝贵的财富，你将拥有自控力和理解力，那么你就能不再恐惧衰老；如果你能作出决定，忘掉病症，你就能不再恐惧疾病；如果你能作出决定，在没有爱情时也能过好生活，你就能不因失去爱情而恐惧。

只要作出决定，认为生活中的一切都不值得我们去担惊受怕，你就能消除忧虑的习惯了。之后，你会得到平静的心态，进而获得幸福的生活。

如果主人缺乏勇气，那么连狗和马都看得出来。而且，狗和马会接收到主人散播的恐惧情绪，做出相应的反应。在动物世界里，即使比马和狗智力水平更低的动物也能接收到这种恐惧情绪。它会从一个大脑迅速而确定地传播到另一个大脑，就像人的声音可以通过收音机传播给听众一样。

口头表达负面和破坏性思想的人，几乎一定会经历相同的负面效应。仅仅产生负面思想，不经口头表达，也会产生不止一种负面效应。首先，释放负面思想会带来危害，因为它破坏了创造性想象力。这也是最须要记住的一点。其次，头脑中的任何负面情感都会发展为一种负面人格，使人生出怨恨并把别人当成敌手。释放负面思想的第三个危害表现为：负面思想不仅伤害他人，也会隐藏在释放者的潜意识中，成为他个性的一部分。

一个人的思想不是释放了就结束了。当人的思想被释放后，它会四处传播，也会永远扎根于释放者的潜意识。

如果你的生活目标是获得成功，你就必须让内心保持平静，获取生活所需的物质，并最终获得幸福。所有这些都始于思想冲动。

你可以控制自己的大脑，决定向其中注入哪种思想冲动。拥有这项权力，意味着有责任以建设性的方式来行使权力。你不仅可以控制自己的思想，也可以主宰自己的命运。你可以影响、引导并最终控制自己所处的环境，得到自己想要的生活。你也可以不行使这项改变自己生活秩序的权力，让自己像一小块木头，在浪涛中随波逐流。

对消极影响的易感性——第 7 种负面因素

除了 6 种基本恐惧之外，人们还饱受另一种负面因素的困扰。它为失败的种子提供了肥沃的土壤。同时，它很隐蔽，人们通常觉察不到它的存在。这种痛苦无法被归为一种恐惧。它深深地根植于人们心中，而且比那 6 种恐惧更加致命。因为想不出更恰当的名字，就让我们称它为"对消极影响的易感性"吧。

富有的人总会努力避开这种负面因素。但穷人却从不这样做。那些在各个领域取得成就的人必须让自己的大脑能够抵挡这种负面因素。如果你阅读本书的目的是致富（无论以哪种形式），你就须要仔细地审视自身，是否容易受到消极的影响。如果忽视了自我分析，你便失去了实现欲望的权利。

作一个彻底的自我分析。读完下面所有问题后，认真考虑该如何作答。仔仔细细地做题，就像要找出埋伏于某处的敌人一样。同时，像对付一个真正的敌人一样对待自己的缺点。

你可以轻松地保护自己而不受强盗的攻击，因为法律提供了有效的保障来维护公民利益。要驾驭"第 7 种负面因素"却没有这么容易，因为它会在你毫无意识时实施攻击。而且，它是无形的武器，因为它只是一种心理状态。这种负面因素之所以危险，还在于它的袭击方式众多。有时候它通过亲人善意的话语进入一个人的大脑中，有时候通过一个人的态度进入。虽然它不会立刻置人于死地，却和毒药一样致命。

无论是你自己制造的，还是来自周围人的消极行为和消极思想，你都要知道，自己拥有意志力，并且要经常使用这种意志力，直到它在你大脑中建起一面抵御消极影响的免疫之墙。

你要知道，你和其他人容易被那些迎合你弱点的意见所影响。

你要知道，你天生容易受到6种基本恐惧的影响，所以要培养起抵御这些恐惧的习惯。

你要知道，这些负面因素常常通过你的潜意识施加影响，你很难察觉到它们的存在。因此，你要抵御所有人以任何方式对你进行的任何打击。

特意寻找那些鼓励你为自己思考和行动的人，并与他们为伍。

不要害怕麻烦，越害怕，它们就越找上门来。

毫无疑问，人类最普遍的弱点就是习惯于接受来自他人的消极影响。大多数人没有意识到这个弱点，所以它就更加危险。许多人虽然有所警觉，却选择忽略或拒绝做出改变，直到它成为日常习惯中一个不可控制的部分。

自我分析问卷

我准备了以下的问卷来帮助那些渴望了解自己的人。阅读这些问题，大声说出答案，听到自己的声音。这会让你更容易坦诚地面对自己。

你是否经常抱怨自己"不舒服"，如果是，为什么？
你是否因为一些小事而挑剔他人？
你经常在工作中犯错吗？如果是，为什么？
你说话讽刺无礼吗？
你刻意避免与人接触吗？如果是，为什么？
你经常消化不良吗？如果是，为什么？
你是否认为生活无聊，未来没有希望？如果是，为什么？
你喜欢自己的工作吗？如果不喜欢，为什么？
你经常怜悯自己吗？如果是，为什么？
你是否嫉妒那些比你优秀的人？
你花费更多时间思考成功还是失败？
随着年龄增长，你变得更自信还是更不自信？
你是否从每一个错误中吸取了宝贵经验？
你是否允许亲人和朋友来烦你？如果是，为什么？
你是否有时漫不经心，有时失意低落？

谁对你有最积极的影响？为什么？

你是否接受那些你本可以避开的消极影响？

你是否对自己的外表毫不在意？如果是，何时不在意？为何不在意？

你是否懂得让自己忙碌起来，不再受烦恼的干扰？

如果让别人代替你思考，你会认为自己没有骨气吗？

你是否忽视内心的净化，直到体内的毒素让你变得暴躁易怒？

你是否借助烟酒、药品使自己冷静？如果是，为什么不依靠自己的意志力？

有没有人使你厌烦？如果有，为什么？

你是否有一个明确的人生目标？如果有，它是什么？为了实现这个目标，你有什么计划？

你是否有6种基本恐惧中的任何一种？如果有，是哪一种？

你是否有办法免受别人的消极影响？

你是否有意识地使用自我暗示来保持积极的心态？

你更看重哪一样，物质财产还是控制自己思想的权力？

你是否容易受他人影响，推翻自己的判断？

今天是否为你的知识储备和心理状态增加了任何有价值的东西？

你会直面那些令你不愉快的情形，还是选择逃避？

你会分析所有的错误和失败，并试图从中获益，还是否认自己的责任？

你能说出自己的缺点中最具危害性的三个吗？你是如何纠正它们的？

你是否因为同情别人，而担负了他们的忧虑？

你是否从日常生活中选择能够帮助你提升自我的经验和影响？

你的存在是否经常对其他人造成消极影响？

你最讨厌别人的哪种习惯？

你会坚持自己的观点，还是允许别人来影响你？

你知道如何调整心态，让自己免受消极影响吗？

你的工作是否能激发你的信心和希望？

你是否意识到自己掌握了足够的精神力量，能使自己避开各种形式的恐惧？

你是否认为自己有责任分担别人的忧虑？如果是，为什么？

如果你认为人以群分，那么你从身边的朋友身上学到了什么？

与你交往密切的那些人是否造成了你的不愉快？

在你视为朋友的人当中，是否某一个实际上是你最大的敌人，因为他对你造成了消极影响？

你如何判断一个人对你是有益的还是有害的？

你交往的亲密朋友，心态比你好还是比你差？

一天24小时中，你花多少时间来工作、睡觉、娱乐休闲、学习有用的知识？

在你交往的朋友中，哪一位给你最多的鼓励、最多的提醒、最多的打击？

你最大的担忧是什么？为什么你能容忍它？

当别人主动为你提供免费的建议时，你会不假思索地接受还是分析其动机？

你最大的欲望是什么？你是否打算实现它？你是否愿意为了它而戒掉其他欲望？为了得到它，你每天投入多少时间？

你是否经常改变想法？如果是，为什么？

你做事通常能有始有终吗？

你是否容易因为他人的职业、头衔、学历或财富而对其印象深刻？你是否容易被他人对你的看法和评价所影响？

你是否因为一个人的社会和经济地位而迎合他？

你认为谁是当今最伟大的人？这个人在哪一方面比你优秀？

你花了多少时间来阅读和回答这些问题？（你至少需要一天的时间来作一个全面分析，并回答全部问题。）

如果以坦诚的态度回答了上面所有问题，你就会比大多数人更加了解自己。每过一周，将这些问题再仔细揣摩一遍，这样坚持几个月后，你会惊讶地发现，自己因为诚实回答问题而获得了宝贵的知识财富。如果你不确定该如何作答，不妨让一些了解你的人来帮忙，尤其是那些没必要奉承你的人，从他们的角度来对你作出评价。这么做会产生惊人的效果。

你只对一样东西拥有绝对的控制力——你的思想。这是所有事实中最重要也最激励人心的一点，它反映了人类的天赋特权。行使这一权力是你控制自己命运的唯一途径。如果不能控制自己的思想，你就必定无法控制其他任何事。

如果你一定要草率地处理自己的财产，那么最好是物质财富。你的思想是一种精神财富，请小心地保护与使用这笔神圣的财富。为此，你还被赋予了意志力。

遗憾的是，对于那些有意或无意用消极意见来毒害他人思想的人，法律无能为力。这种伤害应该受到法律严厉的制裁，因为它可能经常会破坏一个人依法获取物质财富的机会。

持有负面思想的人试图让爱迪生相信自己不可能造出一台可以录制并播放声音的机器。"因为，"他们说，"从来没有人制造过这种机器。"爱迪生不相信他们。他知道，"只要你想象得出，你就创造得出"。正是这样的想法让伟大的爱迪生能够取得常人无法取得的成就。

持有负面思想的人告诉 F. W. 伍尔沃斯，他努力经营的 5 美分店必会破产，但他不相信这些话。他知道，只要有信心，就可以做成任何合理的事。于是他行使权力，让自己免受他人消极意见的影响，最后获得了超过 1 亿美元的财富。

持有负面思想的人告诉乔治·华盛顿，他别想赢过强大的英国军队，但他行使了自己的神圣权力，不予听从。因此，这本书能够在美国政府的保护下出版，而康沃利斯的名字却早已被人忘记。

当亨利·福特在底特律街头试验他的首辆汽车时，由于技术尚未成熟，不少人带着怀疑的态度嘲笑他。有人说，这东西太不实用。有人说，没有人会花钱买这么个玩意儿。而福特说:"我会制造出高质量的汽车,能绕着地球开一圈。"他做到了!他相信自己的判断,赚取了足够后世数代人花费的巨额财富。对于其他想追求巨额财富的人来说,请记住一点:亨利·福特和他的10万名雇员的最大区别在于,福特有控制自己思想的能力,而其他大多数人没有努力这样做。

我多次提到亨利·福特,是因为他证明了一个有思想并有意志力的人可以取得什么成就。他的成功沉重地打击了那句早已被用烂的理由——"我一直没有机会"。福特从来没有得到过机会,但他自己创造了机会,坚持不懈,直到获取了比克罗伊斯[1]还多的财富。

对思想的控制是自律和习惯的结果。你要么控制自己的思想,要么被它控制。这两者之间没有折中方案。所以最实用的办法就是树立一个明确的目标,制订一份明确的计划,让你的大脑保持忙碌。研究一下成功人士的经历,你会发现他们不仅能控制自己的思想,还懂得不断加强这种控制,引导它去实现明确的目标。如果没有这种控制,他们就不可能成功。

---

1 克罗伊斯(前595—前546),吕底亚王国最后一代国王,以财富多而闻名。——译者注

55个常用的借口

不成功的人身上有一个明显的共同特质。他们找各种理由，喜欢用自以为合理的借口来解释自己的失败。

这些借口当中，有一些很巧妙，有一些可被证明。但借口带不来金钱，世人只关心一件事——你成功了吗？

一位性格分析师列出了一份"最常用的借口"的清单。阅读这份清单时，请仔细审视自己，看看其中有多少种借口（如果有的话）曾为你所用。同时记住，本书所阐述的原则会让这些借口都失去作用。

假如我没有妻子或家庭……

假如我有足够的能力……

假如我有钱……

假如我受过良好教育……

假如我有一份工作……

假如我身体健康……

假如我有时间……

假如时机更好……

假如其他人理解我……

假如周围情况不是这样……

假如我可以再来一次……

假如我不在意别人的看法……

假如我能得到一个机会……

假如我现在有机会……

假如其他人对我没有意见……

假如没有阻碍我的因素……

假如我可以更年轻……

假如我可以做自己想做的事……

假如我生而富有……

假如我能遇见"贵人"……

假如我有别人的才能……

假如我敢坚持自己的主张……

假如我从前抓住了机会……

假如别人没有惹怒我……

假如我不用照料家庭和孩子……

假如我可以存点钱……

假如老板赏识我……

假如有人能帮我……

假如我的家人能理解我……

假如我生活在大城市……

假如我可以着手去做……

假如我有更多自由……

假如我有某些人的个性……

假如我不这么胖……

假如别人知道我的才能……

假如我能撞上好运……

假如我能摆脱债务……

假如我从前没有失败……

假如我知道该怎么做……

假如没有人反对我……

假如我没有这么多担忧……

假如我嫁对了人……

假如人们不这么愚蠢……

假如我的家人不那么奢侈……

假如我更自信……

假如我没有这么不幸……

假如我不是生来就运气不佳……

假如我没有听天由命……

假如我不用如此辛苦工作……

假如我没有损失财产……

假如我住在另一个地区……

假如我没有这样的过往……

假如我有自己的事业……

假如其他人愿意倾听……

这是最重要的一点——假如我有勇气坦诚地面对自己，就能找到自己的问题并予以纠正，有机会吸取教训，从中获益，因为我知道哪里出了问题。如果我能多花些时间分析自己的缺点，而不是寻找借口来掩饰缺点，那么我应该早已实现了自己的目标。

利用借口来掩饰失败是一个普遍存在的问题。这个习惯早在人类出现之初就已存在，它是成功的致命障碍！但是人们为什么如此宠幸它呢？答案显而易见。他们维护借口是因为他们创造了它！借口是一个人想象力的结晶，维护自己思想的产物是每个人的天性。

编造借口是一个根深蒂固的习惯。要破除习惯不容易，尤其是它还能为我们的所作所为提供合理的解释。柏拉图说过："人类最初也最重要的胜利就是战胜自我。被自我征服是最羞耻、最不堪的事情。"他说这句话时已经深知这个道理。

另一位哲学家也有同样的看法。他曾说过："我震惊地发现，我在别人身上看到的大多数丑恶面貌都是我个人本性的反映。"

"我一直不明白，"阿尔伯特·哈伯德[1]说，"为什么人们愿意花这么多时间编造借口，掩饰缺点，最终欺骗自己。如果可以用相同的时间来纠正错误，人们就不再需要任何借口了。"

在本书即将结束的时候，我想提醒大家："人生就像一场棋局，而你的对手是时间。如果在落子之前举棋不定，或是考虑不周，你的棋子就会被时间一个个吃掉。你的对手绝不会容忍犹豫的态度。"

也许从前的你不曾努力向生活索取所需之物，并喜欢用合

---

[1] 阿尔伯特·哈伯德（1856—1915），美国著名出版人、作家。——译者注

理的借口为自己开脱，但现在这些借口已无用武之地，因为你已掌握开启财富大门的钥匙。

这把钥匙虽然无形，却充满力量！你可以在自己大脑中构想出获取某种财富的欲望，这是你的特权。使用钥匙不会受罚，不去使用它则要付出代价，这个代价就是失败。如果使用了这把钥匙，你会惊讶于它带来的回报。那些战胜自我并向生活索取了自己所需的人，会得到这份满足感。

这样的回报值得你为之努力。你愿意相信它，开始行动起来吗？

"如果我们有缘，"不朽的爱默生曾说，"那么我们便会相遇。"最后，请允许我借用他的话说一句："如果我们有缘，那么我们已经通过这本书相遇了。"